世界的故事

[意]特蕾莎·布翁焦尔诺 著 [意]埃莉萨·帕加内利 绘 刘鸿旭 译

Storie di capolavori

奇迹的故事

——揭秘世界宝藏

山东教育出版社 ·济南·
广东大音音像出版社 ·广州·

图书在版编目（CIP）数据

奇迹的故事：揭秘世界宝藏 / (意) 特蕾莎・布翁焦尔诺著；(意) 埃莉萨・帕加内利绘；刘鸿旭译. —济南：山东教育出版社, 2022.1

（世界的故事）

ISBN 978-7-5701-1748-2

Ⅰ. ①奇… Ⅱ. ①特… ②埃… ③刘… Ⅲ. ①科学知识－少儿读物 Ⅳ. ①Z228.1

中国版本图书馆CIP数据核字（2021）第127433号

QIJI DE GUSHI——JIEMI SHIJIE BAOZANG

奇迹的故事——揭秘世界宝藏

目 录

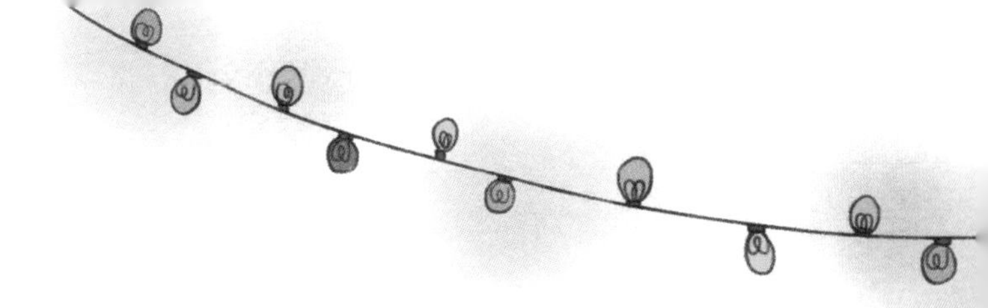

给孩子认识世界的知识宝库

诺亚方舟

美索不达米亚

《圣经故事》里面提到了一个人，名叫诺亚，传说在一场“大洪水”灾难中，他用一艘大木船拯救了他的家人以及很多动物和植物。这就是在西方家喻户晓的诺亚方舟的故事。尽管这是一个故事，但很多人却坚信这艘方舟真的存在。有人说找到了诺亚方舟的遗迹，就在土耳其的亚拉拉特山上，被冰雪覆盖着。马可·波罗也说过，那里的游牧民族流传着跟方舟有关的故事。20 世纪初，飞机被发明了出来。之后有飞行员说拍到诺亚方舟的照片。从那以后，经常会有人去找方舟遗迹，这些人声称他们发现了很多线索。旅行社也总爱把游客带到亚拉拉特山山顶，就在 2010 年，又有人说发现了方舟遗址。

和平鸽的形象也与方舟有联系。《圣经故事》里说，大洪水退去后，诺亚派出一只乌鸦去查看外面的情况，看看有没有陆地可以靠岸，但是乌鸦再也没有回来。然后他又派出去一只鸽子，这只鸽子回来的时候，口中叼着一根橄榄枝。这说明已经有树露出了水面，也就意味着会有陆地让他们靠岸。

然而，把鸽子作为世界和平的象征，并为世公认，当属毕加索之功。1950 年，为纪念在华沙召开的世界和平大会，毕加索画了一只衔着橄榄枝的飞鸽。当时智利的著名诗人聂鲁达把它叫作“和平鸽”，由此，鸽子被正式公认为和平的象征。在第二次世界大战后期，美国向日本投下了两颗原子弹，爆心附近有一位小女孩幸存了下来。之后，她给全世界很多国家的领导人寄去了她用纸折成的鸽子，祈求世界和平。

彗　星

朝拜初生耶稣的三博士

传说，从前天空中出现了一颗星星，引导着富人、穷人、牧人、农人和东方三博士（《圣经》中的人物）来到巴勒斯坦伯利恒的一个山洞中。在一个牲口槽里，一个婴儿刚刚出生不久，他就是基督教的救世主耶稣。东方三博士带来了金子、乳香和没（mò）药，但是他们却只收到了一颗鹅卵石作为回报。那片地区的国王叫作希律王。他听说这个新生的婴儿会威胁到他的王位，于是派人去杀掉这个婴儿。为了不让这个婴儿逃脱，他还令人杀掉所有两岁以下的婴儿，这简直就是一场浩劫。耶稣后来能够逃过这场浩劫，是因为他的爸爸约瑟在梦中收到了天使提醒他的消息，早早地带上耶稣和妻子往埃及逃去。而三博士也回到了东方，他们觉得那颗鹅卵石并没有什么价值，就丢到了井里。随后井里就升起了火苗，燃起熊熊大火，永不熄灭。自那时起，彗星的出现就预示着希望的来临。

星　座

天空

天空中点缀着无数星星，就像纸面上画着的一颗颗小点点。古希腊人把这些小点点连在一起，画出了神灵和英雄，就像一个虚拟的旋转木马，这就是星座。在众多星座当中，他们选了12个星座对应一年的12个月。然后，古人们决定每年从春天开始，即从3月21日开始。第一个星座是白羊座，不过羊毛是金色的；随后是金牛座，象征着古希腊神话中的众神之王宙斯；双子座，两兄弟共同面对危险，其中一个永生不死，另一个却只是凡人；巨蟹座，帮助九头蛇与古希腊神话中最伟大的英雄赫拉克勒斯战斗；狮子座，没有任何弓箭能够射伤它；处女座，象征着古希腊神话中的天使一般的农业女神得墨忒耳；天秤座，掌管着正义；天蝎座，在天空中寻找古希腊神话中的太阳神赫利俄斯，想要再杀死他；射手座，半人半马，背着弓和箭；摩羯座是古希腊神话中掌管羊群和牧羊人的潘神为了躲避百眼兽，跳进了水里，从而变成了上半身是山羊而下半身是鱼；水瓶座让大地被洪水淹没；双鱼座生活在水中。

拉斯科洞穴

法国，约20000年前

1940 年，4 个小朋友带着狗在法国比利牛斯山区附近追逐兔子。忽然，兔子不见了，狗也不见了。原来兔子和狗都钻进了一个洞口直径只有 80 厘米的岩洞。4 个小朋友也跟着钻了进去。进去后，他们发现岩洞里面有一幅精彩绝伦的壁画，画着几百只动物一同奔跑的场景，里面还有原牛（一种已经灭绝了的牛）。这幅壁画就是著名的拉斯科洞穴壁画。这幅壁画的历史可追溯到旧石器时代，好像是为了祈求狩猎丰收而画的。这幅壁画在 1979 年被列入联合国教科文组织世界文化遗产名录。

第二次世界大战结束后，洞窟向公众开放，但是每天 1200 名游客呼吸产生的潮湿环境让壁画受到损坏，随后洞窟就关闭了。1983 年，法国当局在距离洞窟原址 200 米的地方开放了另一个展厅，复制了洞穴内的部分壁画，有原牛厅和壁画长廊。2016 年，一个按原尺寸复制的拉斯科洞穴向游客开放。

其实在 1879 年，人们在西班牙也发现了洞穴壁画——阿尔塔米拉洞窟壁画，里面有野牛、鹿、马、野猪，用红色和黑色的颜料绘制而成，这些动物有的在奔跑，有的被人骑乘着，墙壁上还有手印，可能是画画的人的签名。西班牙的这些壁画是一个名叫玛利亚的 9 岁小姑娘发现的，她的爸爸是一个业余考古爱好者。这些壁画可以上溯到距今至少 10000 年前，于 1985 年被联合国教科文组织列为世界遗产。时至今日，只有研究人员可以进入这个洞窟，但我们仍然可以在原址附近参观这些壁画的复制品。在马德里国立考古博物馆和慕尼黑国家博物馆也可以看到它们的复制品。

巨 石 阵

英国，公元前3100—公元前1600年

在英国索尔兹伯里附近有一个由石柱组成的回廊，上面有年代久远的屋檐，是由高达 8 米的巨大方形蓝砂岩石块组成的。这些巨石形成了一个马蹄形的半圆，在这些巨石围成的圆圈中心，是一个巨石祭坛。稍远处是巨踵石，因为像一只脚而被起了这个名字。这个巨石阵是世界上最神秘的地方之一，历史和传说在这里相互交织。

有人说，这是向太阳神献祭的神庙，也有人说这些都是被石化的巨人，甚至有人认为，这里是巫师梅林[1]用魔法给亚瑟王[2]建造的陵墓。18 世纪，有人发现巨石阵有以下特点：巨石阵的主轴线指向夏至时日出的方位，巨石阵中现在标记为第 93 号和第 94 号的两块石头的连线，正好指向冬至时日落的方向。1901 年，天文学家洛基尔进一步指出，巨石阵的建造年代要比人们所认为的更加久远，可以追溯到公元前 2000 年以前。根据他的推算，在公元前 1840 年 6 月 21 日，如果站在巨石阵的中心观察，第 93 号石头正好指向立夏和立秋这两天日落的位置，第 91 号石头则正好指向立春和立冬这两天日出的位置。因此，洛基尔认为，早在建造巨石阵的时代，人们就已经把一年分为 8 个节令了，即立春、春分、立夏、夏至、立秋、秋分、立冬、冬至。这么一来，人们便猜想巨石阵很可能是一座非常古老的“天文台”。而建造巨石阵的人被我们叫作原始人，他们不但通晓天文学知识，还能够将这些几十吨重的巨大石块立在这里，组成一个完整的圆圈，实在是不可思议。1986 年，巨石阵被列入世界文化遗产名录。

楔形文字

美索不达米亚，公元前3000年

波斯就是《一千零一夜》里描述的国度，那里有围着头巾的人们，有飞毯，有巨大的宝藏，也有盗贼和隐藏着好运的神灯，那里就是今天饱受战争摧残的伊朗。如果你是一个出生在波斯的孩子，人们会教育你永远都要说真话，会告诉你神明在每一个人的心中，因此那时候的波斯没有圣像，没有庙宇，只有祭坛。而且有那么一天，你爸爸会带你去看刻在山上石壁上的文字。这些文字是波斯皇帝大流士一世命人雕刻的，是用楔形文字写成的民族历史。楔形文字是世界上最古老的文字之一，是从美索不达米亚的苏美尔人那里继承下来的。他们在公元前 3000 年左右创造了这种文字。

这种文字都是带三角形的符号，像弓、柱子和喇叭，或者像高脚杯。那是因为用来书写这些文字的芦苇笔的笔尖成三角形，所以落笔的时候就自然成了楔形。石壁上的文字长达 20 米，除了文字外，还用浅浮雕雕刻出了国王的形象以及国王身边的随从。这位国王就是大流一世。大流士一世知道城市在将来有可能会被摧毁，建筑也有可能会倒塌，所以他就将他的丰功伟绩刻在了这些石壁上，然后破坏掉所有通向石壁的小路，让这些文字所在地永远无人可及。这些文字便是著名的贝希斯敦铭文。时光流转，人们早已忘记了这些石刻，更忘掉了这种文字。直到差不多200年前的一天，英国考古学家、攀登运动员亨利·罗林森来到了这里。他爬了上去，发现了这些文字，然后把这些文字誊写下来。多亏了他的努力，今天人们才知道了大流士一世的故事。大流士一世被认为是影响了世界历史进程的帝王。

象形文字

埃及，公元前3000年

在人类文明刚刚出现的时候，文字还没有发明出来，人类只能将所有的东西记在脑袋里，到最后总会忘记一些。尤其是当人们死去后，没有办法把自己的一些经验留给子孙后人。后来，凯尔特人把这项工作交给他们的祭司德鲁伊，让他们来担任所有人的记忆记录者。德鲁伊们要用 20 年时间去学习，再用 20 年时间将这些知识教给他的继任者，那时候德鲁伊就是一座行走的图书馆。其他人只能把这种记忆的工作寄托在一些标记上面。比如古埃及人，他们用象形文字（在希腊语中，它的意思是神圣的文字，因为最初的时候这些文字是雕刻在庙宇里面的）交流。这是一种小图标文字，有点像我们今天用的交通标志。

然而，可能会发生这样一种情况，有人想要给他的孩子留下一些鼓励或者规劝的话，却找不到合适的小图标来表示。所以，有的时候就只能用这些小图标代表词的首字母来拼写。据记载，古埃及有 3000 多个小图标，这种文字又长又复杂，如果要阅读和写作，就要用一生的时间去学习。这样一来写字就变成了一种职业，从而有了誊写员的职业。但是后来有一天，腓尼基人[3]发明了一种更加快速便捷的记录方法，后来演变成了我们今天用的字母。1822 年，一个名叫商博良的法国人成功破译了古埃及象形文字的含义，让我们了解了古埃及人写的都是些什么内容。

斯芬克斯（狮身人面像）

埃及，公元前2500年

这是一座石头做的雕像，有着狮子的身体和人的脸。这座巨型雕像建造于4000多年前，用来守卫金字塔，也就是古埃及法老（古埃及国王的尊称）的陵墓。狮身人面像有着一双漂亮的眼睛和神秘的微笑。不过它的鼻子却在一次军事演习中被一发炮弹打飞了。它在沙漠中被燥热的风吹拂了数千年，容貌早已被损毁，身体也被埋进了黄沙中。

传说在3000多年前，有一位王子在一次狩猎活动中，躲在狮身人面像的影子里睡觉，梦见了斯芬克斯——希腊神话中带翼的狗身狮爪蛇尾女怪。它向王子许诺，如果能把它从沙子

下拯救出来，就让王子坐上法老的王座。王子答应了它，而它也兑现了诺言，让王子当上了法老。这位王子就是大约出生于公元前 1411 年的法老图特摩斯四世。而斯芬克斯又要在接下来的数十个世纪里，继续面对沙漠中的热风和黄沙。1789 年，拿破仑率领他的远征军和地质学家德多洛米厄来到了埃及，将狮身人面像重新从沙漠中解救出来。

今天，拿破仑已经逝去，而狮身人面像却仍然端坐在那里，带着它谜一般的微笑，头上裹着埃及头巾，前额有一个像是眼镜蛇，又像是圣鸟猎隼的痕迹。狮身人面像的名字叫“哈马基斯”，意思是神圣的塑像，翻译成希腊语后读起来有点像“斯芬克斯”，斯芬克斯的名字就这样保留了下来。

迷　　宫

希腊克里特[4]，约公元前2000年

最初，迷宫被用作监狱，里面有着错综复杂的小路，人在里面走会迷失方向，从而无法逃脱。传说中，克里特国王米诺斯让一位名叫代达罗斯[5]的希腊建筑师建造了一座迷宫。这座迷宫主要用来关押一只半牛半人的怪兽，它名叫米诺陶洛斯，靠吃少男少女为生。

有一天，一位勇士来到了希腊，他叫忒修斯。国王的女儿阿丽亚娜听从了代达罗斯的建议，给了忒修斯一团红丝线。忒修斯和阿丽亚娜两人把红线拴在入口的门框上，然后一同进入了迷宫。多亏了阿丽亚娜的帮助，忒修斯才没有在错综复杂的迷宫中迷失方向，并且战胜了这只怪兽，将它杀死，解救了很多原本要被献祭给这只怪兽的少年。但是忒修斯杀死怪兽后把公主也带走了，国王因此而迁怒于代达罗斯。为了惩罚他，国王把他和他儿子伊卡洛斯一起关进了迷宫。为了逃离迷宫，代达罗斯用蜡和鹰的羽毛做了两双翅膀，一双给了自己，一双给了儿子伊卡洛斯。于是两个人像小鸟一样飞了起来。但是伊卡洛斯忘记了父亲的忠告，飞得离太阳太近了，翅膀上的蜡融化后无法固定羽毛，他就从空中掉了下来。

几个世纪以来，人们一直认为这些都只是神话传说，直到有一天，英国人亚瑟·埃文斯在地中海的一个岛上发现了这座建筑的遗址和献祭的祭坛，祭坛上还雕刻着米诺陶洛斯的犄角。迷宫原本的名字其实跟一种双刃斧有密切的联系，那种双刃斧在克里特象征着权力。迷宫同时也是皇宫，里面布满了大大小小的房间和无穷无尽的台阶。从那时起，所有蜿蜒曲折的小路都会被叫作代达罗斯，就是那位神秘的建筑师的名字。传说当年宙斯化身为公牛，掳走了腓尼基公主欧罗巴，欧罗巴后来生下了克里特国王米诺斯。克里特被认为是欧洲文明的摇篮，而欧洲也是以欧罗巴公主的名字命名的。

曼陀罗（坛场）

印度，公元前2000年—公元前5世纪

一个圆圈里面围着各种几何形状的图案，有四边形、三角形和其他圆圈，这就是曼陀罗，一种非常古老的精神象征。曼陀罗这个词来源于梵语（印度语言之一）。梵语是最古老的印度宗教文献中使用的一种口口相传的语言。

在东方文化中，根据佛陀的讲述，曼陀罗是象征着宇宙的一种形象。在中国西藏，人们现在仍然会在宗教节日的时候用沙子把曼陀罗坛场画在地上，里面用各种各样的颜色将宇宙的组成要素体现出来。节日结束的当天，曼陀罗会被扫掉，化为乌有。在印度的朋迪榭里附近，有一座为纪念奥罗宾多[6]而建的城市，叫作“黎明之村”。这里就像一个地球村一样，来自不同国家有着不同信仰的男人和女人都可以在这里和谐相处。女人们将曼陀罗做成刺绣，用于祈祷。曾经有一个意大利时尚家族想要重金买下这座小城，给出的价格甚至能够让整个区域的人都摆脱贫困的生活，但是他们却毫不犹豫地拒绝了。因为他们觉得，信仰是不能出卖的。瑞士著名心理学家卡尔·荣格表示，他可以在曼陀罗坛场里面找到重归精神世界中心的方法，随后便出发去寻找自我了。其实，市场上有很多填色曼陀罗图册，并且都卖得很好，主要的受众是焦躁不安的孩子和有压力的成年人。通过填色这种方式，他们能够重新找回放松的状态并让头脑清醒，从而解决自己的问题。你们也可以去试一下这样的放松方式。

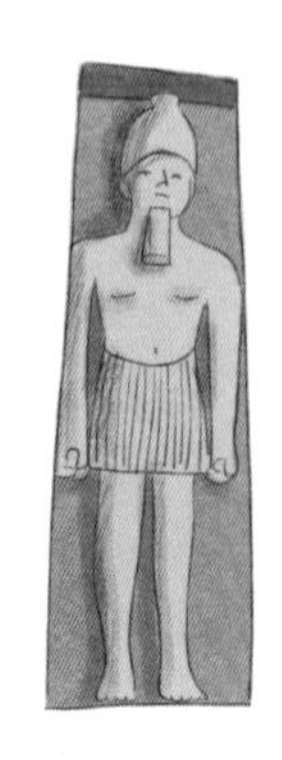

阿布-辛贝神庙

埃及，公元前1290—公元1968年

拉美西斯二世是古埃及第十九王朝法老，是一位杰出的政治家、军事家、文学家、诗人。他执政时期是埃及新王国最后的强盛年代。公元前 1290 年，18 岁的拉美西斯二世登上王位，为了能够超越在他之前的那些法老，他决定将整个埃及都建满奇迹般的建筑。他命人在阿布 - 辛贝修建了两座神庙。这两座神庙都是在岩石上开凿的。其中一座神庙的外表面有四个君主的雕像，另一座是为他最钟爱的妻子奈菲尔塔利修建的。这座神庙象征着拉美西斯二世的荣耀，于 1979 年被列为世界文化遗产。最令人惊叹的是，神庙的设计者精确地运用天文学、星象学、地理学、数学和物理学等相关知识，在每年的 2 月 21 日拉美西斯二世的诞辰日、10 月 21 日拉美西斯二世的登基日，让金色的阳光从神庙的大门口射入，穿过约 60 米深的神庙，披洒在神庙尽头的拉美西斯二世石雕巨像的全身上下，前后时间长达 20 分钟，让圣坛上的神像熠熠生辉。人们把这一奇观发生的时日称作“太阳节”。

后来人们计划修建水坝，而蓄水后神庙就会被淹。为了拯救这两座神庙，联合国教科文组织介入，动员了 40 个国家和 12 个国际组织。这两座神庙被分割成很多大块，然后又向上移了一段距离，放在了另一块岩壁之上，防止蓄水时被淹没。不过遗憾的是，尽管联合国教科文组织派出了当时国际一流的科技人员，运用最先进的测算手段选址，神庙搬迁后，阳光照进的神庙时间还是比原来推后了一天，照射的角度也没那么精准了。

佛　　陀

印度，公元前566—公元前486年

迦毗罗卫国的王子名叫乔达摩·悉达多，但是他还有另外一个被世人熟知的名字叫佛陀，意指觉悟者。他的父亲是古印度一个小国家的国王。这个小国家坐落在世界上最高的山脉喜马拉雅山脉的山坡上。刚刚出生没几天，他就失去了母亲。从那时起，他的父亲就非常呵护他，让他远离世界上所有的痛苦和让他难过忧伤的事情。有一天，这个小伙子走出了御花园，在王国里面的街道上遇到了一位老者、一个病人和一支送殡的队伍。然后他才明白，他接受的所有教导、文化教育，英雄主义，财富，都是昙花一现。他明白了，自己其实一直仿佛生活在一座“金色的监狱”里，完全不知道世间的疾苦。随后，他的内心深处产生了想要隔断与生活的全部联系的念头。后来，他遇到了一个年迈的出家沙门，学会了禅定[7]，找到了内心的和平。于是，他决定离开父亲的王宫，去寻找真正重要的东西。那时候他才29岁，儿子罗睺罗刚刚出生，未来还要继承他的王位。尽管如此，他还是抛下了一切，跟僧侣一起在苦修和斋戒中生活了7年。

但是有一天，他发现过度的苦行等同于过度的舒适，使人头脑昏沉。于是他离开了僧侣，跟随一位瑜伽（印度保健功法）大师在一棵无花果树下冥想[8]。通过思索，他获得了启发：只要人们不贪求什么，便可以远离痛苦，得到永恒的快乐。于是，他到处向人讲述他的道理，帮助受苦的人们，被人们尊为神。整个东方的大地上，到处都有人用各种可能的材料建造他的塑像，大小也不尽相同。

长　城

中国，公元前11世纪—公元17世纪

2000多年前，一座巍峨的长城屹立在中华大地上，它跨越高山和险峰，穿过沙漠和草原，被称为“万里长城”。这座长城规模宏大，横贯中国北部数省，被誉为世界七大奇迹之一。

当时为了修建长城，许多民工和士兵在气候和环境恶劣的情况下拼命地劳作，有很多人累死、冻死、饿死。民间就流传着“孟姜女哭长城”的传说。

相传秦朝时有一对新婚小夫妻，丈夫范喜良婚后三天，就被征为民夫去修长城，一走就音讯全无。妻子孟姜女思念丈夫，想给他送去御寒的衣物。她一路跋山涉水历尽艰辛，终于来到长城脚下。她逢人便打听丈夫，人们告诉她，范喜良已在苦役中死去，尸骨就填在了长城里。孟姜女悲痛万分，痛哭了三天三夜，那哭声撕心裂肺感天动地，忽然“呼啦”一声巨响，长城像天崩地裂似的倒塌了一大段，露出了一堆人骨头，孟姜女终于见到了死去的丈夫。这个传说为雄伟的长城增添了悲壮的色彩。

马可·奥勒留
——御座上的哲学家

意大利罗马，121—180年

马可·奥勒留是古罗马衰落时期的帝王，也是一位对柏拉图理想国充满向往之情的哲学家。他在位的近20年间，罗马经历了洪水、地震、瘟疫、饥荒、军事叛乱等，但他以坚定的信念和哲学智慧淡然处之。他对征战与政务的思考，成就了伟大著作《沉思录》的诞生。虽然马可·奥勒留的勤勉并未阻止罗马的衰亡，但他的哲学思想却影响后世千年之久。马可·奥勒留驾崩后，人们为他塑造了一座骑马铜像，铜像庄重、浑厚，人物神态平静而沉稳。这座雕像是意大利历史上三座著名的骑马雕塑之一，成为后世骑马雕塑作品的范本。

公元16世纪，教皇保罗三世召见了伟大的艺术家米开朗琪罗，并让他重新设计市政广场。米开朗琪罗在市政广场地面上设计了一个星星的图案，在星星的中心位置放上了马可·奥勒留的骑马塑像。近年来，为了保护这尊塑像，人们把它搬进了卡皮托里尼博物馆里面，而留在广场上的是一个复制品。

亚琛大教堂

德国亚琛，796—804年

曾经有个国王，他把整个宫廷都装在马车上，今天到这里，明天又到那里，从不在自己的城堡里生活。他不需要去买东西，因为每到一处扎下帐篷，人们就会向国王打开酒窖和粮仓。这在当时也算是另一种交税的方式。等到国王离开的时候，人们才能松一口气，直到国王下次再来之前都可以轻松过活。国王在旅行的时候会带着很多人，王后、王子和公主，还有仆人和士兵，就连这个国家的整个政府都要跟着他一起走。但是有一天，所有人都厌倦了这种漂泊的生活。于是国王下令在亚琛修建了一座石头宫殿，也就是后来的亚琛大教堂，而这个国王就是著名的查理大帝。亚琛是德国西部的一个城市，自古以来就是疗养胜地，并以温泉（欧洲中部最热的温泉）闻名，因此，国王在宫殿里修建了一个大浴池，可以容纳100多人。

亚琛大教堂里除了有大浴池还有一个极其美丽的礼拜堂，里面满是金子和马赛克，这个礼拜堂叫帕拉丁礼拜堂。皇宫的核心建筑是夏佩尔宫。夏佩尔宫是一座八角形的风格独特的建筑，装饰华丽。它成功地融合了古典建筑艺术、拜占庭式建筑及哥特式建筑的艺术风格。亚琛大教堂在欧洲历史上占有极重要的地位：从 936 年到 1531 年的近 600 年间，亚琛大教堂是 32 位德国国王加冕及多次帝国国会和宗教集会的所在地。中世纪虔诚的人们如潮水般地涌入亚琛大教堂朝觐，此后，这座辉煌的建筑从来就没有停止过接受膜拜。德国遗产管理部门将其描述为“德国建筑和艺术历史的第一象征”。1978 年亚琛大教堂被正式列入联合国教科文组织世界遗产名录。

奈　　良

日本，752年

如果你是一个日本孩子，不知道你是喜欢东京多一点儿，还是喜欢奈良多一点儿呢。东京像是一座未来之城，而奈良却是一座古老的文化城市，曾在1000多年前被作为首都。奈良的时间仿佛已经停滞。那里没有交通拥堵，也没有污染。微风轻轻摇曳松柏的枝丫，与木制的瓦片“嬉戏”，发出清亮声音，仿佛在哼唱着歌曲。奈良拥有众多的古寺神社和历史文物，享有“社寺之都”的称号。奈良附近有一座古老的木质结构庙宇，它是1000多年前一位天皇在驾崩之前让他的儿子建造的，用来供奉佛陀的塑像。王子让人建造了一座5层的佛塔，里面包含了整个宇宙，一层代表天空，一层代表大地，一层代表水，

一层代表火，还有一层代表风。整座佛塔在建造过程中没有用到一根钉子，只用了卯榫支撑着整座塔，这样一来，地震就对佛塔无可奈何了，因为卯榫结构让这座塔变成了一座有一定弹性的建筑。因此所有的东西都完好如初地保留了下来。

王子还让人建造了一座图书馆，僧侣们可以在图书馆里学习。图书馆的旁边是一座金堂，金堂的四角雕刻着 4 条龙和 4 个天兵，从四面八方保卫着佛陀。这座寺庙名为法隆寺，在日本佛教寺院中拥有极其特殊与崇高的地位。1993 年，法隆寺被联合国教科文组织列入世界文化遗产。

圣马可石狮

意大利威尼斯，9世纪

在威尼斯的钟楼之上，报时铜钟之下，有一座石狮——圣马可飞狮。这是一只长着翅膀的石狮子，它的一只前爪扶着一本书，上面写着 pax（拉丁语“和平”的意思）。这只飞狮是威尼斯城的城徽，象征着圣马可。圣马可是《新约》四福音书的作者之一，其他三部福音书分别是：用天使作象征的《路加福音》，用公牛作象征的《马太福音》，用鹰作象征的《约翰福音》。据说，许多年以前，威尼斯还是一片荒芜的海滩，马可到意大利各地传教，乘船经过里阿托岛海岸，当时风暴骤起，船被刮到荒凉的沼泽地带，搁浅了。马可以为到了绝境，向天祈祷，似乎听到天使在召唤：“愿你平安，马可！你和威尼斯共存。”这样，这位《马可福音》的作者成了威尼斯的护城神，而飞狮扶着的那本书便是《马可福音》。传说战争降临到这座城市的时候，飞狮脚下的这本书会合起，而只有战争结束，这本写着“和平”的书才会重新打开。

200 多年前，有个威尼斯的孩子托尼因为这只飞狮惹上了麻烦，后来也还是因为这只飞狮，他获得好运。托尼是孤儿，只有9岁，在一个贵族家里当洗碗工。这个贵族家庭有个招待客人的习惯，就是在餐厅里给客人献上圣马可飞狮形状的蛋白杏仁甜饼。厨房里有一个模具是专门用来做这种甜饼的。可是一天，这个模具被托尼给弄坏了，厨师当时急得束手无策。托尼却拿起面团，用自己的双手做了一个甜饼。因为他爸爸以前是个石匠，他在家里经常用陶土做小人玩。厨师把托尼做的甜饼端上桌，有人发现甜饼的味道和以前吃的不一样，而托尼用手做甜饼的事情也传开了。从那天起，托尼的厨房工作就结束了，他开始了新的生活。他被主人派去学习，后来成为一名伟大的雕塑家。他就是安东尼奥·卡诺瓦。

圣天使城堡

意大利罗马，130—139年

圣天使城堡是罗马皇帝哈德良为自己及其后代皇帝所建的家族陵墓。罗马帝国灭亡后，这座城堡变成了一座军事要塞。在建造陵墓的同时，台伯河上还建造了一座通向陵墓的大桥。

没过多久，这座城堡变成了一座监狱，桥的两边悬挂着被处决的人的头颅，以警世人。于是，这座城堡就被一片恐怖的气氛笼罩着，好像被幽灵占领了一样。为了驱散这些凶恶的幽灵，公元6世纪，教皇圣·大格雷戈瑞让人在城堡的顶端建造了一尊天使铜像，并将城堡改名为“圣天使城堡”。铜像是战胜路西法的大天使米迦勒[9]，他正在将宝剑收入剑鞘，象征着和平。圣天使城堡现在被用作博物馆，在教皇厅等几十个房间，展出盔甲、兵器以及意大利名家的画作等物。

圣天使城堡与梵蒂冈只有几百米之遥，为此，这里曾经是教皇受到战争威胁时的避难所。它与梵蒂冈之间有一条暗道相通，遇到危险时，教皇可通过这一通道从梵蒂冈进入这座堡垒。17世纪时，教皇克莱门特九世觉得城堡上只有那一尊天使，还不够，于是决定让人在桥的两侧建造 10 尊天使雕像，并将这一任务交给了当时最伟大的雕塑家吉安洛伦佐·贝尔尼尼。他当时已经 70 岁了，他把所有的天使雕像都设计了出来，但却只雕了两尊，其他的雕像都是由他的学生完成的。现在，这些白色大理石雕刻而成的天使仍然矗立在那里，他们每人手中拿着一种耶稣受刑的刑具：十字架、钉子、耻辱柱、皮鞭、紫袍与骰子，蘸了醋的海绵、汗巾、长矛等等。

圣米歇尔山[10]

法国，公元10世纪

海水有涨潮和退潮现象，涨潮时，海水上涨，波浪滚滚，景色十分壮观；退潮时，海水悄然退去，露出一片海滩。涨潮和落潮一般一天有两次。如果要找一个涨潮和退潮现象都很明显的地方，那可能就是诺曼底的圣米歇尔山，那里有一座教堂和一个围着围墙的小村子。退潮的时候，从法国陆地开车或者步行都能到那里，而涨潮的时候，就只能乘船过去了。很多个世纪以前，那里还只是一块礁石，被叫作同巴山，意思是墓山，因为那里埋葬着那片土地上的古老的原住民凯尔特人。后来，基督徒到了这里，13 世纪的时候，在这里建造了一座教堂，并在教堂的最高处树立了一座米迦勒大天使的雕像，手持出鞘的宝剑，脚下踩着恶龙路西法。这座雕像如今仍然矗（chù）立在那里，孤悬在大海和天空之间，俯视着雕像之下的所有古迹：带花边修饰的花岗石城墙，红灰相间条纹的城堡，穿梭在高塔之间、拾级而上的小路，以及在礁石之上修建的，将圆形防御塔连接在一起的巡逻道。有很多朝圣者来这里朝拜，这里也住着很多僧侣，他们在这里伴着起起落落的海浪，抄写《圣经》上的文字。潮水的势头越来越弱。每年大海涨潮都会下降几厘米，土地露出来的时间就多了一点点，像是要出来透透气。当地的人们为了劝诫世人行善，编了一个传说：当地球不再转动，海水不再涨潮，大天使就会从塔尖下来，放下宝剑，拿起天平去评判每一个灵魂。1979 年，圣米歇尔山及其周边海湾被联合国教科文组织列入世界遗产名录。

斜　塔

意大利比萨，1173年—14世纪中叶

奇迹广场位于意大利比萨城中心，白色的主教座堂、洗礼堂和斜塔（钟楼）就矗立在这里。公元 12 世纪时，这座斜塔刚开始建造没多久就开始倾斜了。土地下陷，施工也不得不停下来。20 年后才继续施工，大约又用了 100 年才完成斜塔的建造工作。奇迹广场刚开始建造的时候，比萨还是一个强大的海上共和国，完工时这个海上共和国却已衰落。

比萨斜塔里面有 296 级台阶盘旋上升。向上爬的时候人们可以向外望，因为整座塔的墙壁都是镂空的，但是必须小心，因为这些镂空的墙壁是没有栏杆的。当年伽利略的学生们攀爬这座塔的时候也是非常小心的。如今被人们尊为近代科学之父的伽利略，当时还只是个年轻的教授。他带着学生们在比萨斜塔上做了一项实验：选取重量不同的物体——炮弹和小铁珠，让它们同时落下。这两个物体虽然重量不同，但却同时落地。许多年后，伽利略死于不幸，而比萨斜塔依然矗立在那里。人们唱着一首古老的歌谣：“比萨的高塔永存，它往下走，往下斜，却永远不会倒。”其实倒塌的风险还是存在的，因为塔下的土地每年都会下沉约 1 毫米。从 1990 年到 2001 年之间，人们对斜塔进行了多次的加固工作。根据专家的推断，比萨斜塔至少还可以安安全全地矗立在那里 3 个世纪。

风向玫瑰图

意大利，约1200—1500年

根据古希腊人讲述的故事，在众神居住的奥林匹斯山上，没有任何风吹过。山上的空气是静止不动的。风，是大地上才有的东西，会把纸吹得到处乱飞。风儿到处捣乱，跳着舞，嬉戏着，也咒骂着，躁动着。它们飞快地奔跑，吹动云彩，而后又吹到你身上，会让你打个寒战。

传说所有的风都听从风神埃俄罗斯的命令。他把这些风都装在一个羊皮口袋里保管。特洛伊战争结束后，尤利西斯在回家的路上经过埃俄罗斯居住的地方。埃俄罗斯为了帮助他，就把所有的风全都收进羊皮口袋里，只留了一股在外面，而这股风能把尤利西斯的帆船吹回他的故乡。埃俄罗斯把羊皮口袋交给了尤利西斯。但是在回家的航程中，当尤利西斯睡着的时候，他的同伴想要看看那个神秘的羊皮口袋里面到底装了什么，于是就把那个口袋打开了。结果所有的风全都飞了出来，把他们的小船卷入了可怕的暴风雨中。这样一来，尤利西斯就找不到回家的航向，只能靠自己了。从那时起，海上的水手们就只能靠自己去寻找海上的航线。直到中世纪的某一天，有人画出了一幅风向地图。这幅地图像是一颗有 32 个角的星星，上面能看到每种风的方向，知道去哪里要乘哪阵风。这颗 32 角星被叫作“风向玫瑰图”，要用指南针配合着辨别方向。时至今日，人们仍在航海图上使用这个图。西北风来自西北方，西风来自西方……每个地方都有自己的风，比如在的里雅斯特刮的布拉风（一种干冷的东北风），能把你像个线团一样吹到海里。因此，在的里雅斯特的人行道上会安装一些绳索，这样小朋友们上学的时候就可以抓住这些绳索走路，免得被吹到海里。

乔　托

意大利佛罗伦萨，1267—1337年

在佛罗伦萨城外一个叫穆杰罗的乡下，住着一个牧童，他 10 岁的时候长得白白胖胖的，大家都叫他乔托。他长得很帅，画也画得很好。放羊的时候，他就用一小块炭块在石头上给羊画像。有一天，一位名叫奇马布埃的画家从那里经过，他看到了乔托画的羊，于是便把乔托带到了画室，并收他为学生。当时乔托还是个孩子，一心想着玩。有一天，他在奇马布埃的一幅画上的人的鼻子上画了一只苍蝇。他画得特别逼真，老师看到了赶忙试图把苍蝇赶走，后来才发现是让自己的学生给戏弄了。

随着时间的流逝，乔托变成了比奇马布埃更有名的画家，还在阿西西大教堂里画了圣方济各[11]的故事。有一天，一个使者从罗马来找乔托，说是教皇想要将一项重要的任务交给他，但是需要他先证明自己的能力。于是，乔托在一张纸上徒手画出了一个完美的圆，就像用圆规画的一样。乔托画的这个圆，至今都是谜一样的存在。

米兰大教堂

意大利米兰，1386—1813年

为了建造米兰大教堂，米兰人花费了很多时间和精力。他们总共修建了135个尖顶，还有很多很多小尖塔，以及169个巨大的镂空花窗。屋檐上面有排水管，排水管把水引到兽首雕像的嘴“吐”出去。这些兽首雕像，有的是龙头，有的是海豚头，还有的是海马头。米兰人从1386年开始建造这座教堂，到现在已经建造了2245座形态各异的雕像，但还有一些壁龛空着，等着往里面放入雕像。在教堂最高的塔尖上有一座披金的铜制圣母像，她头上戴着星冠，张开双臂，好像随时准备飞起来一样。这座雕像是1774年建成的，被人们叫作“小圣母”，因为这座雕像看上去很小。实际上这只是错觉。圣母像有4米高，是个巨型雕像，只是被放在了108米高的塔尖上，显得很小。

很多建筑师、画家都曾参与修建这座大教堂，其中最著名的有达·芬奇、贝尔尼尼、万维泰利等。米兰大教堂是全世界最大的哥特式建筑，是世界五大教堂之一。

达·芬奇的机械狮子

意大利，1452—1519年

达·芬奇是画家、雕塑家、建筑家、发明家，他生活在15世纪中叶的米兰和佛罗伦萨，那时正是意大利文化蓬勃发展的时期。他最著名的画作是带着迷人微笑的《蒙娜丽莎》，无论你从哪个角度看她，她仿佛都在注视着你。这幅画现在被放在巴黎卢浮宫一个巨大的展厅里展出，被保护得非常好。达·芬奇是第一批设想制造飞机的人之一，为此他创造了很多奇怪的玩具。一天，法国国王路易十二来到达·芬奇工作的地方，达·芬奇向他展示了一个奇怪的机械玩具。那是一只可以自己走的机械狮子，当有人抚摸它时，胸部会开出一大丛百合花（百合花是法国皇室最爱的花）。这只机械狮子可能是世界上第一台可编程机器人。

达·芬奇经常在城里面转来转去，寻找一些模特。据说为了画《最后的晚餐》（耶稣和他十二门徒的最后一顿晚餐），他找了一个有着天使般面庞的少年作为耶稣的模特。但是犹大的模特却很难找。这个犹大，为了30枚银币就出卖了耶稣。几年后的一天，达·芬奇遇到了一个面容十分扭曲的人，好像内心深处隐藏着可怕的痛苦。那个人向达·芬奇走过来，对他说：“你不认识我了？我就是你找的耶稣的模特啊……”原来生活对于那个少年来说是如此苦涩，把他原本天使般美丽的面庞变得如魔鬼般丑陋。于是达·芬奇让这个男孩做犹大形象的模特。如果你去米兰，去圣玛丽亚感恩大教堂观赏这幅画的时候，别忘了对比一下耶稣和犹大两个人物的长相。

约翰·谷登堡

德国美因茨，1397—1468年

约翰·谷登堡出生在德国一个叫美因茨的城市，他是一个孤儿，长大后成了一名金匠。他发明了西方活字印刷术。他印出的第一本书是《圣经》。在此之前，书籍是一种很稀有的东西，只有很少人能接触到，一般都是写在羊皮或者羊皮纸上的。如果想要得到一本书，必须用手抄下来，这种事情在当时一般都是由极有耐心的僧侣做的。在1333年，僧侣们需要花3个多月的时间才能抄写完一本《新约》（《圣经》由《旧约》和《新约》组成），而且在抄写过程中只要稍微走神，比如打个喷嚏，或者苍蝇飞到了鼻子上，或者打个瞌睡，抄写就会出错。后来有人觉得，可以像做印章一样，用木头模子来印刷，这样就可以重复印刷。早在1000多年前，最先发明纸张的中国人就有了这种想法，他们先制成单字字模，然后按照文章顺序把单字挑选出来，排列在字盘内，涂墨印刷，印完后再将字模拆出，留待下次排印时再次使用。但是在欧洲，首先发明活字（字母）印刷的是谷登堡，是他将字母刻在了金属字模上。

有了这种技术以后，每本书都可以印很多册。然而这种排版、印刷方式耗费的时间很多，排出一页书需要一整天，一个小时才能印 16 份。直到 19 世纪蒸汽打印机被发明了出来，印刷速度才有了很大的提升。

西斯廷教堂

意大利，1475—1481年

西斯廷教堂是世界奇迹之一，位于意大利的罗马城中，属梵蒂冈[12]所有。这座教堂之所以被称为西斯廷，是因为它是由当时的教皇西斯托四世发起建造的。16世纪时，米开朗琪罗在教堂的天花板上创作了壁画。全部工作由米开朗琪罗一个人，从1508年到1512年，躺在一个移动的架子上，点着烛灯完成。他从教堂的穹顶开始画，面积总共500平方米，画了《圣经》中描述的整个世界的故事，包括上帝创造亚当、大洪水、先知等。最里面的墙上画有《最后的审判》，上面画着基督、天使、魔鬼以及所有人类，整幅壁画就像一幅并不连贯的连环画。

其实，米开朗琪罗并不喜欢画画，他更喜欢雕刻，就是用凿子在大理石上雕刻出各种形象。他喜欢雕刻是因为他的母亲去世后把他留给了一位乳娘照料，而这位乳娘的爸爸和丈夫都是雕塑师。小的时候，米开朗琪罗经常玩那些小石块小雕塑，后来跟着佛罗伦萨公爵美第奇[13]宫廷里的雕塑家学习雕塑。米开朗琪罗 25 岁时就完成了一尊雕塑杰作——圣母怀中抱着死去的儿子，这就是著名的《圣母怜子像》。整个雕像是用卡拉拉（“世界大理石之都”，是意大利中北部的一个小镇）白色大理石雕刻成的，现在保存在罗马的圣彼得大教堂。

怪兽公园
——世界上最怪异的公园

意大利，16世纪

在意大利拉齐奥大区的维泰博附近有一片森林。500 多年前有位公爵为了排解对亡妻的思念，让人在这里建造一座让访客惊恐的石林公园。几个世纪以来，这里的植物生长得郁郁葱葱，到处是麝香的味道。入口处，两尊狮身人面像把守着大门，它们似乎在暗示你，必须要有很大的耐心，加上坚韧不拔的毅力和坚定不移的信心，才能脱离被石化的危险。在错综复杂的丛林中，你会遇到战斗中的巨人，他们不会看你，只是自顾自地继续着漫长的斗争。这斗争，几个世纪以来一直拉扯着他们的肌肉。然后，你会发现一个小小的瀑布在欢快地流淌，旁边有一只巨大的老乌龟，在那里岿然不动。乌龟背上有一个石柱，石柱上站立着一个小姑娘的雕像。她那用石头雕琢的面庞怎么也无法回头，你要是想帮她把脸转过来，可能会感觉到大地在转动。旁边有一栋倾斜的房子，如果你进到房子里情况可能会更糟糕，你会感觉周围一切在天旋地转，还是马上逃走吧。你在这里遇到的每一样东西都会让你瑟瑟发抖，比如“地狱之口”，你可以顺着石阶一步步进入“食人魔”口中。当你沿着洞穴走进刻着“理智不再”的“喉咙”里时，会发现一张配有椅子的餐桌。森林里还有龙，还有长着蛇尾巴的美人，它们身上还有一对翅膀，是用凝灰岩和当地的灰色岩石雕刻的。到最后，你还能看到长着翅膀的怪兽、战斗的骑士、背上驮着宝塔的大象和古罗马的神。尼普顿（海神）和色列斯（谷神）在这里互相追赶。如果你到了这里，你会感觉有人一直在跟着你。虽然这片森林让人感觉像梦境，但却真实存在，它就在波玛索，被称作“圣林”，也叫“怪兽公园”。

圣彼得大教堂

意大利罗马，约1506—1656年

圣彼得大教堂又称圣伯多禄大教堂，在民间曾经被戏称为圣伯多禄“工厂”，因为它一直在推倒重建，似乎没完没了。罗马人亲切地把圣伯多禄大教堂叫作“大穹顶”。这里曾经是圣伯多禄被钉在十字架上的地方，公元326—333年，君士坦丁大帝命人在这里建造了一座小教堂。1000年后，教堂损毁变成了一片废墟。15世纪，教皇尼科洛五世决定把这个地方定为圣座所在地，并重修这座基督教早期的教堂，让其成为教徒朝圣的地方。16世纪初，教皇尤里乌斯二世把这项任务交给了著名建筑师多纳托·布拉曼特，让他重新建造一座教堂。开始时布拉曼特要把老教堂全部推倒，他也因此被称为布拉曼特大师，这在罗马意为毁灭大师。布拉曼特去世后，他的位置由著名画家拉斐尔接替。他放弃了布拉曼特的计划，自己又重新进行设计。而拉斐尔死后，巴尔达萨雷·佩鲁齐又把拉斐尔的计划抛弃了，重新进行设计。

佩鲁齐死后，接替的人是画家、雕塑家米开朗琪罗，他也弄了一个新的计划。在他的新项目规划里，教堂的穹顶必须是一个完美的半球形，但是这个设想也没能完成。因为他死后，其他的设计师又把他的方案抛弃掉，换上自己的方案。这样不断推翻下去就永远无法完工。17 世纪的时候，贝尔尼尼来了，他想要建造一圈柱廊，把教堂前面的整座广场围起来。结果工程还未完成钱就花光了，包围着广场的这个圆圈是不闭合的，仿佛是欢迎全世界的人都来这里参观。

最后，圣伯多禄“工厂”还是完工了。今天，我们可以看到矗立在那里的大教堂，教堂里保存着无数珍贵的文物，而柱廊只有半圈。

阿兹特克

墨西哥，1521年

在特斯科科湖的两个岛上有一座特诺奇蒂特兰城，城里 20 个花园和许多白色的建筑被雄伟壮丽的群山环抱着，是当时最大的城市之一。这里曾经居住着古老的阿兹特克人，他们自认为是天选之民。他们信仰的神是太阳神威齐洛波契特里，他们认为是太阳神每天用蛇击败月亮和星星，照亮全世界。有一天，阿兹特克人被一只雄鹰带领着来到特斯科科湖边后，那只雄鹰落在了一棵仙人掌上。根据传说，他们得到神的启示，如果他们在哪里看到一只鹰站在仙人掌上啄食一条蛇（墨西哥的国旗和国徽上都有这个图案），那就是定居的地方。于是，阿兹特克人便在这里安顿了下来。他们认为太阳需要用活人祭祀，于是就把在战场上抓来的战俘献给了神。

1519 年，西班牙人来到了这里。阿兹特克的国王并没有想要派军队去把西班牙人打退，而是派了一队和平使者过去，还带了一个马车轮子那么大的纯金圆盘，这个圆盘象征着太阳神。这群西班牙人本来就是奉命来找金子的，并且自己也怀揣着淘金梦。他们看到了这座奇迹般的都城，感觉好像来到了小说《游侠骑士》中描述的地方。当阿兹特克的国王意识到这些西班牙人并不是什么神的时候，一切都为时已晚。整座城被夷为平地，国王的宝物也被抢走了……阿兹特克曾经拥有的那片土地就是现在的墨西哥城。如今，唯有那遗留下来的方形金字塔，向后人证明着那昔日的辉煌。

凡尔赛宫

法国巴黎，1624年

法国国王路易十四曾被人们称作太阳王，他曾拥有一个辉煌的王国，王国里有各种奇迹般的建筑，凡尔赛宫就是其中之一。

1682 年，路易十四带着他的整个家庭搬到了凡尔赛宫。皇宫变成了政府所在地，也变成了向全世界开放的窗口。当初，拿破仑曾对凡尔赛宫进行修复。1979 年，联合国教科文组织将其列入世界文化遗产。凡尔赛宫是世界五大宫殿（中国故宫、法国凡尔赛宫、英国白金汉宫、美国白宫、俄罗斯克里姆林宫）之一，每年有至少 1000 万游客前来参观，尤其是参观凡尔赛宫中的花园。正宫前面是一座风格独特的“法兰西式”的大花园，园内树木花草独具一格，美不胜收。而建筑群周边的园林亦是世界闻名，与中国古典的皇家园林有着截然不同的风格。它完全是人工雕琢的，极讲究对称和几何图形化。据说，法国大革命期间被抓住的王后玛丽·安东尼特，曾在这些花园中间开了一个农场，想要让宫中的那些贵妇们种植物、挤牛奶，通过这样的方式接触大自然。

此外，凡尔赛宫的镜厅（又称镜廊），以 17 面落地镜得名。它是凡尔赛宫最奢华、最辉煌的部分，被视为“镇宫之宝”。镜厅墙壁上镶有 17 面巨大的镜子，反射着金碧辉煌的穹顶壁画。与镜子相对的是 17 扇拱形落地大窗，透过窗户可以将凡尔赛宫后花园的美景尽收眼底。镜厅一直以来被誉为法国王室的瑰宝，数面巨大的铜镜反射着从后花园映进的光芒，这里是路易王朝国王、大臣接见各国使节时专用的宫殿。

美 丽 岛

意大利马焦雷湖，1632年

马焦雷湖位于意大利北部伦巴第大区和皮埃蒙特大区之间。它好像对这个世界非常好奇的样子，把“鼻子”伸向了瑞士的领地。马焦雷湖有着原始而优美的湖岸。湖中有三座岛屿，被统称为博罗密欧岛，这是取自 15 世纪的贵族王子的名字。其中最大的一座岛叫渔夫岛，上面居住着很多渔民。第二大岛叫玛德雷岛（也叫母亲岛），博罗密欧家族的卡洛三世在这座岛上修建了一座会客厅。17 世纪的时候，很多诗人、音乐家、作家和戏剧家都会来到这里，甚至莎士比亚也从雾气昭昭的英国来这里度假。但是卡洛三世的妻子伊莎贝拉·达达却对这里感到厌倦。由于卡洛深爱着她，他把湖中的第三座岛屿送给了她。这第三座小岛是最美丽的，以妻子贝拉的名字命名，而贝拉就是美丽的意思，所以这座岛也叫美丽岛。它原先只是一大块礁石，后来变成了一个船舶花园，岛上的小桥和阶梯被各种各样的花朵包围着。每个拐角都会有一股不同的芳香扑面而来，还有各种各样的树木。在岛的最高处有一块方形的草地，上面有 8

棵修剪成金字塔形状的意大利柏树，它们被视作独角兽的护卫者。独角兽是一种神秘的动物，也是博罗密欧家族徽章上的一个象征。往下走是爱之花园，地面上铺着马赛克的拼花，大理石花盆里放着橘黄色的花。爬上一个斜坡，你会看见赫丘力草坪。再下一个斜坡，就到了堤坝上。穿过月桂树林和杜鹃花园，就会看到散发着香气的玫瑰花园，向人们宣告五月的到来。岛上各种芬芳气味，会告诉你那个曾经的故事和逝去的爱情。

赛 马 节

意大利锡耶纳，1644年

锡耶纳赛马节是世界上最著名的赛马节之一，起源于中世纪的意大利，每年举行两次，分别是7月2日和8月16日。活动的地点就在锡耶纳的田野广场。广场呈贝壳形，而且整个地面是倾斜的，环形场地周围挤满了人。部分观众会选择在广场周围的楼上看赛马。骑手们身着盛装，代表自己的街区来参赛。观众们为自己的街区而喝彩，甚至比观看足球比赛的喝彩更加热烈。参赛的街区有17个，每个街区分别有一个代表他们的标志，分别是雄鹰、毛虫、蜗牛、猫头鹰、猛龙、长颈鹿、豪猪、独角兽、雌狼、贝壳、鹅、波浪、豹子、森林、海龟、高塔和山羊。参加比赛的只有10个选手，他们由17支队伍抽签决定，剩下的选手将直接参加第二年的比赛。他们穿着古老的、用丝绒和锦缎制作的服饰，在观众的注视之下排队入场。伴随着隆隆的鼓声，旗手们挥动着自家街区的旗帜。旗帜在旗手们的手中上下翻滚、飞舞，好像芭蕾舞演员在跳舞一样。马匹焦急地跺着脚，仿佛跃跃欲试，踢蹬着地上的泥土，仿佛正在私下里做着什么交易。

从某种意义上来说，锡耶纳赛马节是全世界唯一一个可以作弊的赛马比赛。在出发的地方，发令员会等所有骑手和赛马安静下来后，发出起跑的指令。有人会紧张得发抖，发生抢跑的情况。随后，赛马比赛的冠军会在几分钟之内揭晓。有人获得胜利，也有人摔下马来，人们争先恐后地把奖杯捧给获胜者（虽然比赛是马儿赢下的，不管背上是否有骑手）。奖品或许是一根杆子，或一条彩旗，但对于锡耶纳人来说，这比一笔财富更有价值。

纳沃纳广场

意大利罗马，1651年

在古罗马时期，纳沃纳广场原本是以古罗马皇帝图密善之名修建的竞技场，是进行双轮马车比赛用的。但是，有时候竞技场内也会发生一些非同寻常的事件。曾经有一个信仰基督教的女孩，被绑在了一根柱子上示众，因为她不愿意背叛上帝。人们将那个女孩的衣服扒光，想要通过这样的方式羞辱她。传说当时有一位天使解开了她浓密的辫子，遮住了她裸露的身体。这个女孩就是圣阿涅塞。为了纪念她，人们在广场的西边建了一座圣阿涅塞教堂，并在教堂前面立了一尊她的雕像。几个世纪过去后，原来不信基督教的罗马变成了基督之城。后来，历任教皇让人在纳沃纳广场周围建了很多建筑和喷泉。每到夏天的时候，人们把下水道口盖起来，将整个广场灌满水，贵族和平民一起在大水池里快乐地玩水纳凉。

纳沃纳广场是罗马最美丽的广场。广场中央是著名的四河喷泉，上面有各种用大理石雕刻的动物和植物，中间是被拟人化了的 4 条世界上的大河，分别是尼罗河、恒河、普拉塔河和多瑙河。尼罗河的头上包裹着头巾，因为当时的人们还不知道尼罗河的源头，但有的人却说它将双眼遮住，是因为它不喜欢弗朗切斯科·博罗米尼建造的圣阿涅塞教堂。甚至有恶毒的人说，普拉塔河害怕那座教堂会倒塌砸到它身上，于是抬起胳膊做无谓的自我保护。针对这些大理石雕塑的批评，最终也跟大理石一同缄默了。因为人们相信圣阿涅塞的雕像会护佑着这个广场：她把手放在胸口，似乎在发誓不会有任何危险发生。

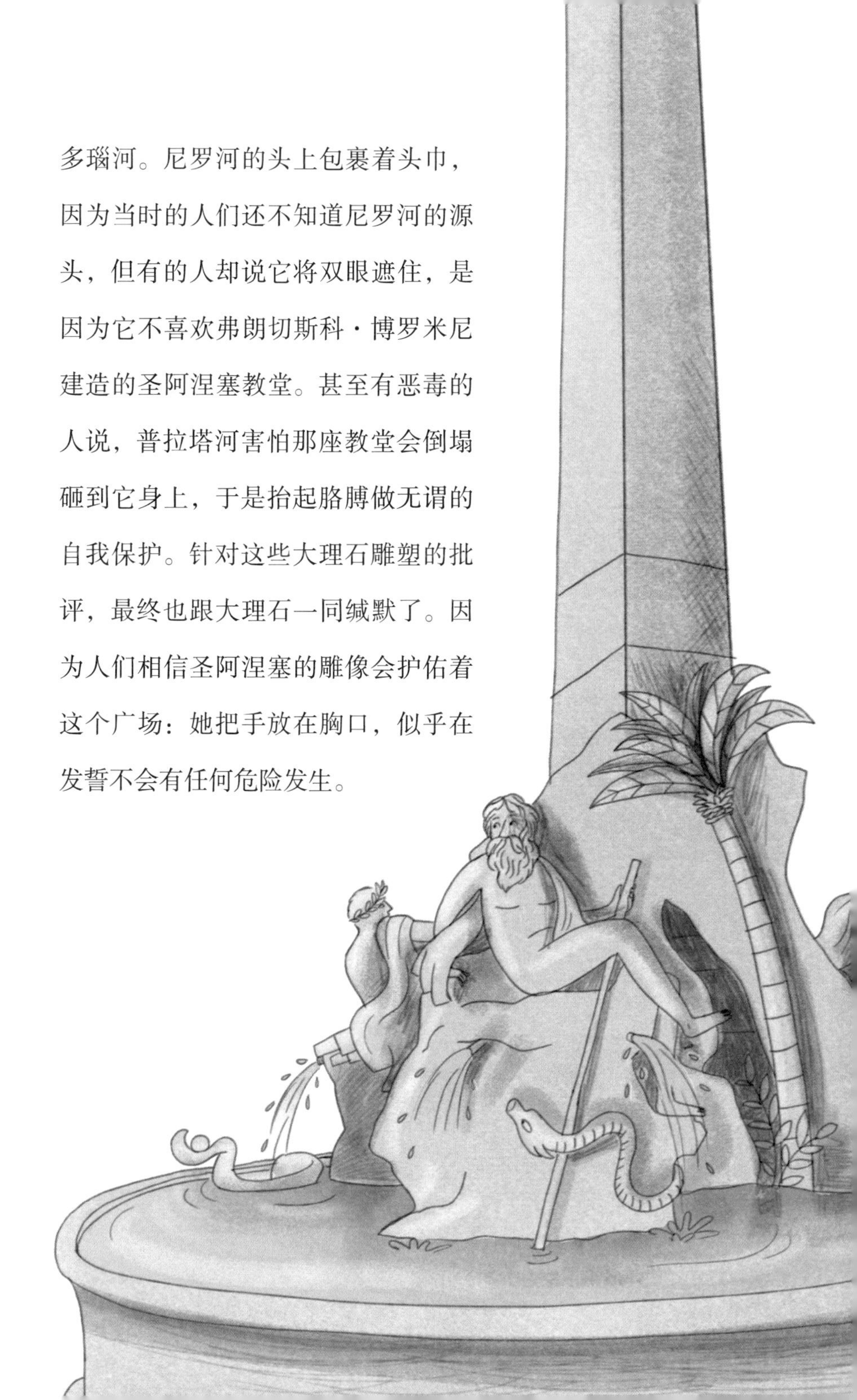

特莱维喷泉

意大利罗马，1732—1762年

海神尼普顿站在巨大的海贝中间，正从双轮马车上下来，牵引马车的是两匹有鱼尾的海洋飞马。海神拉扯着向前狂奔的飞马，因为如果飞马滑出喷泉，会有撞到行人的危险。喷泉水流激荡，汩汩流淌，飞溅起水花无数。健康女神和丰收女神从背景墙的门内款款走出，她们向众人问好。哪里有水，哪里就会有她们二位出现。

我们现在在罗马，站在著名的特莱维喷泉前。罗马素有喷泉之都的美称，特莱维喷泉是罗马城里最大的一座喷泉，“特莱维”是三岔路口的意思。17 世纪中叶，很多人都参加了特莱维喷泉的建造，包括著名建筑师贝尔尼尼。但是在这项工程中，投入最多的是尼克拉·萨尔维，是他一点一点地，用一块块石灰石把喷泉建了起来。萨尔维建造喷泉的时候，有个理发师在喷泉对面开了家店，他经常跑到店门口评论萨尔维的作品。最后，萨尔维用一种很艺术的方式让他闭上了那张爱评论的嘴：萨尔维在喷泉的水池边正对着理发店的位置，用石头造了一个特别大的石盆（也就是许愿池）。据说背对着喷泉，从肩上投出一枚硬币，如果能投进池中，就能梦想成真。因此，特莱维喷泉也叫“许愿泉”。每天世界各地的游人来到泉边，排着队背对着喷泉，把硬币抛进水里，许下今生能够重返罗马以及各种美好的愿望。当游人背对着喷泉投币的时候，正好能看到那家理发店。这样一来，理发店老板的生意自然是越来越好，因此他也不会再批评什么，反而要感谢萨尔维了。在许愿池的底部，来自世界各国的硬币，在阳光的照耀下闪闪发光。

肯辛顿公园

英国伦敦，1738年

如果你想见到小仙女的话，就要去伦敦的肯辛顿公园。维多利亚女王从小就在那里玩耍。有一位男爵名叫詹姆斯·巴利，他很了解仙女。他说仙女们都很小，很精致，并不会瞬间消失，但是她们有时候很爱捉弄人，脾气也是阴晴不定，甚至会变得很危险。平常，她们都是隐形的，只有到了日落之后才能被看见。她们总是把自己假扮成其他的事物，穿得像鲜花一样，而且根据季节的不同，变换着自己的穿着。你甚至可以通过一直盯着一朵花看来找到仙女。盯着一朵花看久了，你就会发现这朵花其实不是花，而是一个仙女，然后她就会眨眨眼睛现出原形。公园里面有一个蛇形湖泊，湖水流经一座小桥，尽头是“梦幻岛（也叫作永无岛）”。传说你在岛上仔细感受

一下的话，会发现肩胛骨上有些刺痒的感觉，那是因为你曾经也有一对翅膀，现在没有了。有一个小孩子非常想念他刚出生时的那个世界，他期盼着回到从前。他本来以为回到过去的世界后只会待很短的一段时间，结果他被永远留在了那段长不大的时光里。这个孩子就是彼得·潘。现在在肯辛顿公园，有一个彼得·潘吹奏长笛的雕塑。传说附近的人竖起耳朵仔细倾听，在黎明的时候或许可以分辨出彼得·潘的笛声。1906 年，巴利男爵在《彼得·潘在肯辛顿公园》中写了这个故事。1911 年，加了插图后又出版了《彼得与温迪》。迪斯尼公司在 1953 年把这个故事拍成了动画片。

帕拉戈尼亚别墅
——世界上最神秘古怪的别墅之一

意大利西西里，约1740年

从前有个王子，总是把自己锁在房子里。有人说他可能长得很丑，假若他不是王子的话，可能就直接被送去马戏团了。但是因为他很富有，所以就可以一直待在自己的别墅里面。别墅周围是一片森林。沿着别墅里的楼梯拾级而上，就来到了一扇雕花的大门前，大门向里凹陷，让人感觉别墅的主人想要把自己关在贝壳里似的。王子让人从很遥远的国家带回来很多很多书，他在阅读中度过了自己的时光。传说那个王子后来去了那些遥远的国家，身份在苦行者和巫医之间转换。森林中也因此慢慢开始出现一些石头做的东西，有半人半马的怪物，有长着翅膀的小孩，有侏儒，还有宫廷小丑、乐师和巨龙，羊脚人身、耳朵尖尖、表情悲伤的怪物。森林周围弥漫着柠檬、仙人掌、香蕉、角豆和酸豆（罗望子）的味道。在西西里，巴勒莫附近的帕拉戈尼亚别墅，你现在还能找到这个花园，闻到那些香味和看到石头做的各种雕像。这座别墅是世界上最神秘古怪的别墅之一。

路易斯·布莱叶

法国，1809—1852年

路易斯·布莱叶3岁的时候，因为一场事故失明了。他被送到了巴黎盲人学校，并进入音乐学院学习。那时候，为了让失明的学生用手指识别音符，人们用大头针去标记音符。小路易当时学得非常好，于是他便被邀请到首都的大教堂演奏管风琴。

当盲人学校需要一位新的音乐老师时，大家想到了他。可是路易回去以后发现，学校里的孩子们虽然学习音乐的速度很快，可是识字却很困难。因为当时孩子们在学习的时候，虽然字母是凸出纸面的，但是却需要很长时间才能认出单词。于是，路易就开始设想用凸出的小点来代替字母，让盲人像认识音符一样去识字。这样一来，他便为盲人发明了一个非常强大的工具——凸点（点字）盲文，这能够让盲人阅读各种誊抄无误的书籍。这种盲文被称为布莱叶盲文。时至今日盲人们仍然在使用这种文字。

费伯奇彩蛋

俄罗斯，1885年

假如你是一个信仰基督教国家的孩子，那么每年春分月圆之后第一个星期日，你都要过一个重要的节日——复活节。这天，人们会把鸡蛋描绘装饰得很漂亮，然后藏起来，让孩子们去找。但是全世界最出名的彩蛋，是奥尔良公爵夫人夏洛特送给英国女王的那只。那是一只象牙雕刻的蛋，里面有一只用黄金和白色珐琅制作的蛋，再打开还有一只用黄金和红宝石做的小母鸡，再把这层打开，你还能看见一个用宝石做的小皇冠。英国女王把这个礼物送给了她的女儿。女儿嫁给了丹麦的一位国王，国王又把这个蛋送给了自己的一个孙女。孙女后来成了女王，再次把它传给了自己的女儿，而女儿又把这个神奇的蛋送给了丹麦国王克里斯蒂安九世。这位丹麦国王的女儿嫁给了俄罗斯帝国沙皇亚历山大三世，成为沙皇的皇后。皇后不能把这颗蛋带到俄罗斯去，于是就把它留在了哥本哈根的罗森博格城堡。但是因为她经常跟沙皇提起这颗蛋，沙皇就让宫廷金匠卡尔·费伯奇做了个一模一样的。从那年起，每年复活节，皇后都会收到一个里面有惊喜的彩蛋。沙皇驾崩后，他的儿子尼古拉二世，同样每年都会给妈妈送复活节彩蛋，而且尼古拉二世还会给他的妻子送彩蛋。费伯奇前后总共给历代沙皇制作了 50 多个复活节彩蛋。有的彩蛋里面有橙子树，玛瑙制作的树叶下面，藏着一架琴，能够发出夜莺的歌声。为加冕礼制作的彩蛋里面有一辆小马车，还有如含苞待放的花蕾的彩蛋和里面装着小天鹅的彩蛋……

20 世纪初，俄国革命爆发后有一部分彩蛋失踪了。费伯奇家族也逃到了英国。今天，在伦敦还能欣赏到维多利亚女王收藏的部分彩蛋。从那时起，便有了赠送复活节彩蛋的传统。小孩子们更喜欢巧克力彩蛋，因为不仅好玩而且好吃。总而言之，复活节的时候，人们用赠送彩蛋的方式来表达一种祝愿，祝愿亲朋好友一生甜蜜，充满美好的惊喜。

保罗·高更
——满地都是六便士，他却抬头看见了月亮

法国，1848—1903年

保罗·高更出生在巴黎，他的父亲是一名记者，母亲是南美人。小时候，家人想让他去读海军学院。然而，为了去周游世界，他竟跑到船上去当见习水手。有一天，他过够了这样的生活，于是回到巴黎，结了婚，然后去银行工作。他变得富有起来，但过得并不开心。

后来，高更放弃了银行的工作，转而做了一名画家，而他的妻子也离他而去。他的画并不好卖，但是他固执地坚持继续作画。他跑去诺曼底，后来又去了普罗旺斯。他跟包括凡·高和毕沙罗在内的很多画家成了朋友，慢慢地他的画也能卖出去

了。但是他却向往着充满阳光的、简单的生活，想着做水手周游世界时看到的那种世外桃源般的世界。最后，他去了波利尼西亚，开始通过他的画讲述他简单的生活和那天堂般的世界的故事。很快，他的画就风靡全世界，非常抢手。在坚持忠于自己的梦想的道路上，他过得很艰辛，但他最后成功了，成为世界著名画家。后来，英国作家毛姆以他的生平为素材创作了名著《月亮和六便士》。

足　　球

英国，1863年

一片方形的绿色场地，两个相对而立的白色大门，两队各11名队员，这是一种在全世界征服了无数人的运动——足球。这项运动教会了孩子们团结拼搏、公平竞赛，甚至有人把这项运动比作人生。现代足球的前身起源于中国古代的球类游戏“蹴鞠”，后经阿拉伯人传至欧洲，逐渐演变发展为现代足球。现代足球始于英国。1863年10月26日，英格兰成立了世界上第一个足球协会，并制定了足球运动的竞赛规则。在这项运动中，唯一可以用手触碰皮球的运动员只有守门员。在比赛中，其他运动员用手触碰皮球被视为犯规，如果运动员故意用一只手触球会被警告；而如果用两只手去碰球，就会被直接罚下场。

在足球的历史里，有一位很特殊的球员，他就是著名的物理学家、诺贝尔奖获得者玻尔。玻尔从小就很喜欢足球，在中小学时期，他是校队的主力球员。玻尔18岁时进入哥本哈根大学学习，因为球技出色，他很快就成为大学足球俱乐部的明星守门员。他习惯在足球场上一边心不在焉地守着球门，一边用粉笔在门框上排演着公式。因在学校俱乐部成绩出众，玻尔入选丹麦国家足球队。1908 年，在伦敦奥运会上，玻尔作为替补门将出场，为丹麦队获得亚军做出了贡献。不过他也有分神的时候，在一场丹麦 AB 队与德国特维达队的比赛中，德国人外围远射，玻尔却在门柱旁边思考一道数学难题，因而没能接住球，错失一分。玻尔后来进入科研机构，专心于原子物理研究，但他仍不忘心爱的足球，业余时间常把踢足球当作休息，成为一名不折不扣的“科学家球星”。

1922 年，他获得诺贝尔物理学奖时，丹麦的报纸报道时用的标题是《授予著名足球运动员尼尔斯·玻尔诺贝尔奖》。

红 十 字

瑞士日内瓦，1863年

1863 年，一个象征着国际合作的红十字会机构在瑞士诞生了，它不分国籍，不分阵营，对战争中的伤病人员进行救护和医治。其实早在 1854 年，这个国际组织就已经有了雏形。就在克里米亚战争（1853—1856 年欧洲爆发的一场战争）时期，人们从报纸上得知，战争前线物资匮乏，更缺少护士。一个年轻、漂亮、富有的小姑娘，不假思索地跟她的 38 位同伴一起应征去了前线，而途中的大部分费用都由她来支付。她就是弗洛伦斯·南丁格尔[14]。她在前线忙碌的时候，还抽时间向全世界寻求援助。在她之后有一位名叫杜南的瑞士人，通过《索尔费里诺回忆录》这本书，号召全世界去保护冲突中受伤的平民和军人。因为在那个年代，受伤的人只能靠自己侥幸活下来，没有人带着绷带和担架跑到战场上去救人。有很多伤兵或者受伤的普通人会被残忍地杀害。1859 年当杜南在意大利时，曼托瓦附近正进行着战争，同时也是意大利第二次独立战争时期。战场上死亡的人数甚至超过了滑铁卢战役。杜南出版的这本书激起了轩然大波。

为了不让所有的国家都产生这样的问题，杜南义无反顾地投身到了救护战争中受伤的军民工作中。1864 年在伤兵救护国际委员会的倡导下，瑞士政府在日内瓦召集了有法国、意大利、西班牙等国参加的国际会议，与会的 12 个国家缔结了一项保护平民和战争受难者的公约——《日内瓦公约》。到了 1949 年，签约国增加到了 61 个，中国于 1956 年加入此公约，至今为止有 196 个国家先后加入。《日内瓦公约》中规定的基本原则是人道性、公正性、中立性、独立性、志愿服务、统一性、普遍性。国际红十字会与任何宗教都没有联系，只是采用了红十字会的诞生地瑞士的国旗上酱红色十字作为标志。然而在伊斯兰国家，红色十字被替换成了红色新月。1901 年，杜南获得了诺贝尔和平奖。

林肯纪念堂

美国华盛顿，1922年

林肯是 17 世纪来到美国的先驱者的后辈。小的时候继母想让他读书识字，但是他们住在森林里（他父亲是个伐木工人，砍下树木做木材），离学校很远，而且家里仅有的一本书就是《圣经》。逐渐长大后，林肯在内河的木筏子上当见习水手，运送砍下的木材。后来还做过木匠，也做过商店的伙计。再后来他能够去上学了，成了一名律师。最后他当选为众议员，站到了反对奴隶制的队伍中。然而，当他被选举为美国总统的时候，南方各州并不接受他的当选，于是 1861 年到 1865 年爆发了美国南北战争。1863 年，林肯正式宣布解放 450 万美国黑人奴隶。1865 年 4 月 14 日，也就是战争结束 5 天后，林肯在剧院被一个支持奴隶制的狂热分子杀害了。为了纪念这位民权主义的领袖，人们在华盛顿建造了林肯纪念堂，每年有超过 100 万来自世界各地的游客前来参观。他的塑像是留着大胡子的形象，据说是按照一个给林肯写信的小女孩的建议塑造的。这个小女孩跟林肯说："亲爱的总统先生，您留着胡子更帅气。"

蟋蟀杰明尼

意大利佛罗伦萨，1883年

对于一个小孩子来说，最好是能学习或者掌握一门手艺，但有些孩子觉得在学校学习很辛苦，而外面的世界充满了各种诱惑。从前，有个小孩叫匹诺曹，他不爱学习，经常逃课，还特别爱生气。有一次，他一生气，就用他的木匠父亲杰佩托的锤子把一只多嘴的蟋蟀打死了。他也为自己的行为感到很后悔。经过了几番周折，最终他还是努力改正坏习惯，变成了一个好孩子。一个叫卡洛·科洛迪的佛罗伦萨记者，在一份儿童画报上讲述了这个故事。这个故事后来家喻户晓。再后来，又有个叫华特·迪斯尼的人觉得，应该把那只被锤子砸死的蟋蟀救活，于是他就把会说话的蟋蟀放进了自己的动画片《蟋蟀杰明尼》中。迪斯尼的这只会说话的蟋蟀很时尚，无拘无束，它还是个热心肠。它戴着大礼帽穿着燕尾服，手里拿着一把雨伞，还可以当降落伞用，它是小木偶匹诺曹的精神导师。

自由女神像

美国纽约，1886年

在纽约港入口的自由岛上矗立着一座自由女神雕像，她右手高高擎起火把，脚下踩着被扯碎的奴隶连枷，左手拿着《独立宣言》。这座雕像是法国人民赠送给美国人民的。雕像高 92 米，女神高擎的火炬就像她皇冠上的灯光一样整晚明亮，照亮了黑暗的夜晚。人们要登上这座雕像可以先乘坐电梯到达塑像底座第 10 层，然后攀登 168 级台阶到达皇冠里面，在里面游览。

自由女神像是法国雕塑家巴托尔迪塑造的，据说他是按照自己母亲的模样设计雕像面容的。雕像内部的支撑铁架和整个支撑结构是由法国建筑师古斯塔夫 · 埃菲尔设计的，他后来设计的埃菲尔铁塔是巴黎的标志。自由女神像看起来像是大理石建造的，但其实并不是。整座塑像是用铜制嵌板一块一块用螺栓固定起来，然后安装在金属结构框架上的。这种铜板拼接的建筑方式被称为模块化组装，它能让大的建筑分块制造，然后运到大洋彼岸组装。其实，自由女神像原本是用来照亮苏伊士运河（埃及连接地中海和红海的一条运河）的，但是在建造过程中发生了战争，行船不能把这些模块运到苏伊士运河上，于是埃菲尔就想把这座塑像送给美国人，用来庆祝1876 年美国独立日 100 周年。法国人很开心，因为这样一来，法国的民主之光（自由、平等、博爱）就可以在纽约港照亮全世界。自由女神像被拆散为零散部件运去美国，总共装了 214 个箱子，随后在自由岛上重新组装。几百年来，自由女神像见证了无数移民来到这里追求美国梦：只要肯努力，每个人都可以获得成功。

埃菲尔铁塔

法国巴黎，1889年

有的人睡不着的时候会数羊，现在我们可以换个东西数，我们可以数埃菲尔铁塔有多少级阶梯。埃菲尔铁塔是巴黎的标志性建筑，从塔座到塔顶共有1711级阶梯，人们到塔顶可以乘坐电梯。埃菲尔铁塔感觉像是爷爷奶奶那个年代的一个富有创意的金属组装玩具，比如“麦卡诺模型”。这种玩具里没有小木块，但却有很多布满小孔的金属杆，孩子们用螺钉和螺栓把这些金属杆安装起来，可以造出房子、桥梁和你能想到的任何一种东西。这种玩具就是借鉴了埃菲尔铁塔的设计。

1889年的世界博览会在法国巴黎举行，当时正值法国大革命爆发100周年，法国人希望借举办世博会之机给世人留下深刻的印象，于是决定设计并建造埃菲尔铁塔。整座铁塔的建造耗费了大量钢材，光是铆钉就用了250多万根，300名工人耗时两年才搭建完毕。底座是一个边长100米的正方形，整座塔高324米。这座铁塔在建造的时候是世界最高的建筑，不过到了今天很多建筑都超过了它。整座铁塔重达7000吨，不知他们是怎么称出来这个重量的。铁塔每 7 年粉刷一次，每次粉刷要用 52 吨涂料。

在塔上欣赏美景的最佳时间是日落前，视线可以到达 67 千米之外。你转过身来，透过小窗户，就可以看见位于塔身上的埃菲尔工程师的办公室是什么样子。今天，这个小办公室里摆放着埃菲尔和他朋友的雕像，有灯泡的发明者爱迪生，科幻小说家凡尔纳，还有纽约自由女神像的雕塑者的母亲巴托尔迪夫人的雕像。

查理·卓别林

英国伦敦，1889年—瑞士，1977年

查理·卓别林出生在伦敦，后来在美国成了电影明星。肥裤子、破礼帽、小胡子、大头鞋，再加上一根从来都舍不得离手的拐杖，卓别林用他的造型、表情和动作将美国默片（无声电影）带到最高峰。

1914 年，卓别林第一次在黑白默片电影院中跟观众见面，他在电影《谋生》中扮演一个英国骗子，跟在一个报纸记者后面，不断地偷他的东西，从钱包到女朋友，最后偷走他的工作。在 1931 年首映的电影《城市之光》中，卓别林向观众讲述了一个衣衫褴褛，却心灵伟大的穷人的悲伤故事。他饰演的流浪汉在生活中虽然没有一件事情顺心如意，但是从来不会放弃，而且总是乐观地帮助那些比他生活更困难的人，并且不求任何回报。在《舞台生涯》中，卓别林饰演的是卡维罗，他曾是受人尊重的喜剧演员，后来却变成一个酒鬼。他帮助一个绝望的年轻芭蕾舞女演员取得事业上的成功，然而她却只是把卡维罗当作自己的父亲一样对待，并没有像卡维罗期望的那样爱上他。

卓别林在电影里经常踉踉跄跄，摇摇晃晃地摔倒，惹得众人捧腹大笑，但没能博得人们的同情，而且这个世界对脆弱的人并不友好。《摩登时代》的故事发生在20世纪30年代的美国，时值美国经济大萧条的高峰期，社会中的每一个人都在自己的生活中苦苦挣扎。卓别林饰演的查理是一个普通的工人，日复一日发疯般地工作，以期能够获得填饱肚子的可怜工资。在《大独裁者》中，借第二次世界大战的背景，卓别林在人物造型上非常明显地仿照法西斯头子希特勒的模样，刻画了一个残酷迫害犹太人，企图统治全世界的大独裁者，并通过表演对这个人物进行了辛辣的讽刺。

电　　影

法国巴黎，1895年

历史上第一场要付钱观看的电影，是 1895 年在巴黎一家咖啡馆里放映的。投射在墙上的电影中，一辆火车向着观众疾驰而来，观众们害怕被火车撞上，纷纷叫喊着逃离，掀翻了很多小桌子。最先想出这个主意的是一位摄影师的两个儿子——奥古斯特·卢米埃和路易·卢米埃两兄弟（电影和电影放映机的发明人），但是他们俩认为这种发明长远不了，观众们很快就会厌倦，于是他们俩把注意力转到了彩色照片上面。从此，电影院开始吸引观众眼球，取得了巨大的成功。

最早的演出都是黑白无声电影，演的内容都是日常生活中的事情，人们把这种片子叫喜剧短片。影片上面有字幕，旁边还有个钢琴演奏家伴奏。出现了一批电影明星后，有声电影便出现了；到了 1927 年，出现了彩色电影。也就是不到 100 年的光景，我们就已经离不开电影了。通过纪录片，孩子们看到了动物园和马戏团以外的，在自然环境下生存的野生动物。有了电影，人们可以像品尝果汁一样轻松地欣赏各种各样的小说。

只需要一个晚上，就可以在电影院里跟一群陌生人一起“阅读”完一本书的内容。

最早被人们搬上屏幕的大明星有人猿泰山、米老鼠、菲力猫，还有一群小淘气，例如秀兰·邓波儿饰演的一头金色卷发的小姑娘，因为尿了床惹得观众怜爱！华特·迪斯尼想到了用卡通片拍摄一部完整的电影，于是在1937年有了《白雪公主和七个小矮人》。多亏了迪斯尼，那些尘封已久的童话故事才被搬上银屏，让所有人都有机会欣赏，比如《绿野仙踪》《小王子》……今天，电视又把电影院带到了每个人的家中。卢米埃兄弟一定会觉得难以置信的。

奥运五环

希腊，1896年

相互交错的五色圆环，象征着五大洲和全世界的运动员在奥运会上相聚一堂，亲如兄弟。现代奥运会是对古代奥运会的继承和发展。古代奥运会从公元前 776 年到公元 292 年之间，总共举办了 292 届。后来因为某种原因被禁止，直至 1896 年，在法国著名教育家顾拜旦的倡议下，重新举办。今天，奥运会沿袭了曾经的传统，运动员们在比赛中赢得的是荣誉和尊敬，而不是金钱。古代运动员们会获得橄榄枝编织的桂冠，现在取得胜利的运动员会获得奖牌（金牌、银牌、铜牌）。古时候人们会为了奥运会终止战争，进入神圣的休战期。然而到了现代社会，奥运会却因为第一次世界大战和第二次世界大战停办了两届。

现代奥运会每四年举办一次：1896 年雅典奥运会，1900 年巴黎奥运会，1904 年圣路易斯奥运会（第一次在美洲举办奥运会），1908 年伦敦奥运会，1912 年斯德哥尔摩奥运会……1924 年巴黎奥运会，1928 年阿姆斯特丹奥运会，1932 年洛杉矶奥运会，1936 年柏林奥运会……1948 年伦敦奥运会……1956 年（澳大利亚)墨尔本奥运会，1960年罗马奥运会，1964年东京奥运会，1968年墨西哥奥运会，1972年慕尼黑奥运会……1980年莫斯科奥运会，1984年洛杉矶奥运会，1988年首尔奥运会，1992年巴塞罗那奥运会，1996年亚特兰大奥运会，2000年悉尼奥运会，2004年雅典奥运会，2008年北京奥运会，2012年伦敦奥运会，2016年里约热内卢奥运会……

在奥运会上，世界各国运动员会升起自己祖国的国旗、唱起国歌，像古时候一样在森林里点燃奥运圣火，并进行传递。每届奥运会人们都会宣誓：我们将在比赛中坚持诚信竞争，尊重规则，秉持我们的祖国的荣誉，以真正的体育道德精神参加比赛。“比赛重在参与，不在输赢”是奥运会的精神之一。

组装生产线

美国，1913年

T 型汽车是一种特殊的汽车，车上没有任何配件，全车黑色，驾驶体验并不好，但它能在很短很短的时间内制造完成，而且价格只是当时其他汽车的一半。T 型汽车是 45 岁的密歇根人亨利·福特设计出来的。他早年在车间里做学徒，1903 年他成立了福特汽车公司。在生产 T 型汽车的时候，他借鉴了美国中部辛辛那提市肉罐头加工厂生产线的流程。这家罐头厂每天都要屠宰大量的生猪，他们把这些猪都挂在一条绳上，然后从一个工人的工作台移动到另一个工人的工作台，每名

工人始终只在猪身上固定的位置切肉。这样一条生产线，就成了现代装配生产线的雏形。于是，福特就设计了一款车，让车上所有的零件都能单独生产，尽最大可能简化生产流程。他设计的生产线会把相应的工序带到各个工人面前，而不是让所有工人始终围着一辆车干活。而且，每个工人在汽车的生产过程中，只需要完成一项工序的工作。因为当时他的工厂还不够大，所以整条生产线上有一部分是不能停歇的。因此，所有的工人就需要每 8 小时轮班一次，保证生产线始终处在运转中。

T 型汽车全部都是黑色的，因为这个颜色的涂料干得最快。在 1952 年时，每 10 秒钟就有一台 T 型汽车出厂。当时福特公司总共生产了 1500 万辆 T 型汽车。

天文望远镜

美国加利福尼亚，1908年

假如你觉得天文学家每天的工作就是站在自家阳台上，手拿望远镜观察天文现象，那么你就错了。如今的天文学家会直接进入巨型望远镜里面进行观察。这种设备叫作天文望远镜，它像航天飞船一样复杂。从前，天文学家为了观察到划过视野的一颗星星，不得不日复一日地望着天空，而且一旦他们说发现了某颗星星，人们也只能相信他们说的话，不能提出任何质疑。然而今天，天文望远镜已经变成了一个巨大的照相机，它可以让人们看到观测宇宙的结果，更能够记录下宇宙中的各种动态。天文学家在天文望远镜里，通过两面镜子观察宇宙，其中一面镜子会照到宇宙中的星星，而另一面更大的镜子安装在天文望远镜底部，它能够反射前面镜子里的成像。天文学家就是坐在这面更大的镜子前观察宇宙的。

世界上最著名的天文望远镜是位于加利福尼亚的帕洛玛山上的天文望远镜。它是以美国天文学家乔治·埃勒里·海耳的名字命名的。海耳在 1928 年获得了洛克菲勒 600 万美元的赞助，投入这项设备的研制。这架天文望远镜建在海拔 1700 多米的山上，这样一来宇宙观测工作就不会受洛杉矶光污染的影响。这项建造工作从 1936 年开始，但是受第二次世界大战的影响，直到 1948 年才全部完工。天文望远镜内部有一面直径 5 米的大镜子，它能把人类视野扩大 36 万倍，让天文学家能够观察到千万公里外的目标。天文望远镜上面有一个直径 42 米、重 450 吨的巨大穹顶，它主要起保护作用。虽然它看起来很笨重，但却可以根据星星的位置，精准顺滑地移动（还记不记得，其实是我们在动，而不是星星在动？）。这座天文望远镜曾是全世界最大的天文观测设备，直到 1976 年其规模才被俄罗斯在高加索山上建造的天文望远镜超越。不过在视觉效果和机械结构上，后来也被亚利桑那州的基特峰国家天文台里的天文望远镜超越了。

查尔斯·舒尔茨
——史努比之父

美国，1922—2000年

1950年，查理·布朗在《花生漫画》中首度登场，出现在75个国家的2600多家报纸上。查理的爸爸是位理发师，妈妈是家庭主妇，在他的世界里只有学校和朋友。9岁半那年，他上小学四年级，学习成绩平平，喜欢一个红头发的小女孩。查理的朋友露西是一个口齿伶俐的女孩，爱说话并且喜欢批评别人。露西的弟弟莱纳斯总是随身带着他的蓝色毛毯，这条毛毯能帮他驱走恐惧。查理有个妹妹叫莎莉，还有条狗叫史努比，史努比可比查理出名多了。这只小猎犬每天在自己的狗屋屋顶上，欣赏着各种文学和艺术作品，过着属于它自己的时光。

上面这些人物，包括史努比，都是查尔斯·舒尔茨在《花生漫画》中创作出来的。这部漫画描述的完全是孩子们的世界，里面始终没有成年人出现，大人们全都被隐藏在了幕后。漫画里的人物都很有名，他们的名气甚至把他们带到了很远很远的宇宙里。阿波罗10号宇宙飞船就叫查理·布朗，登月舱叫史努比，他们差点就能登上月球了。不过他们也算是到达月球了，史努比登月舱停留在了离月球表面15千米高的轨道上，对月球进行了全方位的探测。

克里斯托
——用艺术包裹世界的人

保加利亚，1935—2020年

克里斯托1935年出生在保加利亚，后来入了美国国籍，于2020年5月辞世。他的职业是包裹，但他包裹的不是书或者蛋糕，而是大山、岛屿、建筑。他是著名的“包裹艺术家”。他和妻子珍妮在巴黎上学时认识，生日在同一天。夫妇俩共同创作了很多作品，他们的作品从来不出现在画廊、美术馆、展厅或艺术品拍卖会上，而是矗立在大地与自然之间，既让人叹为观止，又如惊鸿一瞥，稍纵即逝。

1968年，他在德国的卡塞尔市竖起了巨大的香肠形状的风筝。1972年，他在科罗拉多州的落基山脉完成了又一个壮举，他给大山包上了一层日落黄。1974年，他在意大利的罗马的宾茶娜大门那儿，包裹了一段古城墙。2016年，他又回到意大利，把伊赛奥湖上的一座桥进行了包裹。他包裹的这座桥其实是湖上面一条巨大的走道，长3000米，一边连着湖岸，另外两边分别连接着蒙特岛和圣保罗岛，整座桥被他用7万米橙色的布包裹了起来。这座桥上每年 7 月会有大约 100 万游客前来参观游览。1983 年，受法国印象派画家莫奈的油画《睡莲》的启发，克里斯托用超过 60 万平方米的粉红色布料，覆盖佛罗里达州的 11 座岛屿，从高空俯瞰，被包裹的岛屿犹如漂浮在碧海上的 11 朵睡莲，成为奇景。1985 年，克里斯托将巴黎市内塞纳河上的一座桥，用尼龙布全都包裹了起来，令整座桥变成了香槟色。他的诀窍是利用裁缝的艺术把纺织品用到极致。

因为非常喜爱查理·布朗和史努比，克里斯托在《花生漫画》的作者舒尔茨去世后，对史努比的狗窝进行了包裹——其实作者在漫画中就提到过这样的想法。

米 老 鼠

美国，1928年

鼎鼎大名的米奇老鼠，我们叫它米老鼠，但是在意大利，人们叫它小老鼠。它是一只动画老鼠，生活在漫画书上或者动画片里，所有人都认识它。米老鼠的形象是一个从小热爱绘画的少年华特·迪斯尼创作出来的。有一天，只有他和姐姐露丝在家，他发现了一桶沥青，觉得用沥青在白墙上画画一定很好看。然后他用烟囱里的黑灰在墙上画了一栋房子，姐姐露丝在房子下面画了两条横杠，当作房子周围的土地。两个孩子被爸爸狠狠地骂了一顿。迪斯尼老爹对孩子要求严格，他要求小华特在上学前要去派送报纸，分担家里的经济负担，周六还要去美术学校上课。刚开始的时候华特生活得很不容易，他甚至没钱理发。但是后来华特提出要给每一位来理发店理发的客人画一张画像，只要画像被摆到橱窗里，他就可以获得一次免费的理发服务。后来他开始画卡通漫画，那时候电影刚刚兴起，他把握住了这个机遇。在给《爱丽丝梦游仙境》画画的时候，他在背景里面画了一只老鼠！有人说可能是他在作画的时候，有一只老鼠跑到了他面前，因为他当时住的房子很破，经常有老鼠出没。也有可能他本来是想画只兔子，但是却画成了老鼠……没想到的是，他画的这只“小老鼠”后来被放到了电影里，随后又被刊登在了连环画报上，最后变成了家喻户晓的米老鼠。

法 拉 利

意大利，1929年

世界一级方程式锦标赛（简称 F1）的标志是一辆红色的汽车。到 2020 年，法拉利车队在这项赛事中斩获了 15 次最佳赛车手奖项和 16 次最佳赛车奖项。从 1929 年到 1937 年，法拉利代表阿尔法·罗密欧车队参赛。1939 年，法拉利开始制造自己的赛车。车标上面的跃马标志，曾经是意大利王牌飞行员弗朗切斯科·巴拉卡的个人徽章，后来这位飞行员烈士的父母把这个标志作为幸运符送给了法拉利。法拉利又给跃马图案加上了黄色的背景，那种黄色取自摩德纳的金丝雀。1943 年，法拉利汽车公司搬到了马拉内罗。法拉利尤其偏爱全心全意、大胆勇敢的赛车手，于是把加拿大赛车手吉尔斯·维伦纽夫招至麾下。开始的时候非常不顺利，因为美国的赛车跟意大利的有着很大的区别。但吉尔斯生来就是一名勇猛无畏的赛车手。每次比赛他都会开坏一辆车，但所有人都不会责怪他，因为法拉利就是要不惜一切代价赢得比赛。有一次比赛令所有人都铭记在心，那次比赛中车子没跑几公里，吉尔斯被一个从车上脱落下来的尾翼遮挡了视线。还有一次比赛，他开的车轮胎上破了个洞，但他仍然坚持把只有三个轮子的车开进了维修站。1982 年的一个早晨，在比利时大奖赛的练习赛中，吉尔斯跟车子一起飞出了赛道。虽然在那场比赛中他没有赢到名次，但是那辆印着 27 号的赛车却永远镌刻在了车迷们的心中，比任何其他赢得比赛的赛车都更加让人难以忘怀。

实际上，吉尔斯从未赢得 F1 年度总冠军，但因为他那独特的驾驶风格，惊人的漂移甩尾动作，让他成为很多车迷心中的“无冕之王”。

小象巴巴

法国，1931年

一只小象在它的妈妈被猎人射杀后，飞奔着逃出了非洲丛林。它一路狂奔到了巴黎，在那里遇到了一位照顾它的老妇人。这个故事，是法国画家让·德·布朗霍夫的妻子有天晚上给他们的孩子劳伦和马修讲故事时编的。当时两个孩子一个 5 岁，一个 4 岁。第二天，两个孩子把这个故事讲给爸爸听，于是爸爸就拿起画笔把故事画了出来。爸爸的兄弟当时正好是出版商，于是就把这些画拿去出版。

在故事里，小象巴巴一边长大，一边学会怎么跟人类共同生活，它戴着圆顶礼帽，穿着婴儿紧身裤；而那位照顾它的老妇人则穿着一身黑色的衣服，瘦弱而优雅。后来有一天，小象巴巴想家了，于是回到了丛林里。它在丛林里跟西莱斯特结了婚成了家，当上了所有大象的国王。新婚旅行的时候巴巴和西莱斯特遇到了海难，一条鲸鱼搭救了它们。后来它们进了马戏团，又见到了那位老妇人……让·德·布朗霍夫为他的第三个女儿续写了故事。《小象巴巴》在美国获得了巨大的成功。在意大利，商家甚至为小朋友们生产出了小象巴巴形象的牙刷和牙膏。

劳伦从青少年时期就接过了爸爸的画笔，画出了整部漫画的封面。父亲去世后又继续出版漫画的续集。1990 年，小象以卡通动画形式出现在了电视上,受到了全世界孩子们的喜爱。

电　视

美国，1936年

如果你有一张布满小方格的纸，上面标有纵横坐标，你还有 4 种不同颜色的笔，可以在上面画上你喜欢的图案。假如你想打电话告诉你的朋友你画的图案是什么样子的，可以试试这个方法：若你的朋友正好有一张同样的方格纸，上面标记着同样的纵横坐标，而且，他手上也有 4 种颜色的彩笔，那么你就可以把涂了颜色的格子通过坐标点一个接一个地告诉他，你们两个互相配合，他也能画出你面前的图案。你们两人手上的方格纸上的纵横坐标标有水平排列的数字和垂直排列的字母，就像在海战中使用的地图，或者城市街道的地图。电视机的工作原理跟这个很像，在家用电视机上，图像以不同强度的亮点一线接一线到达，但是它们非常非常小，而且到达的速度非常非常快，我们只能看到图像和运动。这些点像电信号一样在空中传播，就像我们通过收音机听到的广播一样。

世界上最早实现画面传输的人是美国人费罗·法恩斯沃斯。1927 年，当他还是个学生时，他发明了阴极管，这种阴极管是画面传输的基础。然而直到他去世时他仍然非常贫困，以致他要把这项发明的专利卖掉才能生存。到了 1934 年，德国的德律风根公司生产出了第一批电视机；到 1936 年的时候，美国已经有 150 个家庭拥有了电视机，他们最早看到的是菲力猫（美国 20 世纪上半叶最受欢迎的动画角色）。直到第二次世界大战结束后，电视才能够进入普通大众的家庭。人们发现看电视能够提升大脑的思维能力。因为在当时的西方学校，学生学习的主要是书写和阅读，只能开发左脑；而画面可以帮助我们开发右脑，让我们能够开发出很多未知的领域，接受很多新的讯息。我们现在使用的手机和平板电脑也有类似的功能。

红蓝铅笔

法国，1947年

在以前，红蓝铅笔在法国是一种让人害怕的东西。以前的老师们都有这种红蓝铅笔。在孩子们学写字的时候，小的错误老师会用红色标出，如果出了大的错误，老师就会用蓝色标出。那个时候，孩子们都不太喜欢上学。因为孩子们喜欢玩耍，好动，不喜欢被拘束在课桌前先学用铅笔，再学用毛笔，为了学写字，手心里浸满了汗。

后来，法国有个老师想起了自己小时候当学生的感受，他看着自己的学生，发现学生们都跟他小时候有差不多的感受。有一天，他举办了一个蜗牛比赛，让学生们制定比赛规则，然后再把规则抄写一遍，这样一来学生们都有了很大兴趣。于是，他就产生了一个想法，要创造一种方法让学生们爱上学习写作。他出了一份报纸，让孩子们自己写内容并配上插图。后来他还在学校想出了一种让孩子们自己印刷报纸的方法。虽然当时已经有打印机了，但是打印费用非常贵，于是他又发明了一种很便宜的打印机，叫作柠檬打印机。他班上的学生们会在报纸上讲述他们在学校做的事情，然后把报纸带回家，让家长们能了解他们的生活。后来他又把这种方式传到了其他班级，也让学生把报纸发给他们在假期认识的其他学校的学生。

这位老师就是瑟勒斯坦·弗雷内，他摒弃了红色铅笔和蓝色铅笔，抛弃了讲台，把课桌围成一圈，他坐在学生们中间。有一所意大利学校把这种课堂授课方式叫作“友谊圆圈（弗雷内教学法）”。

这种课堂教学方式改变了孩子们的学习生活，从此孩子们都乐意去学校学习，学校也变成了一个充满魔力和吸引力的地方。

高卢奇兵阿斯特利斯

法国，1959年

阿斯特利斯是法国一个身材矮小的战士，长着长长的胡子。他生活的那个时代，巴黎（被人称作鲁特西亚）还只是塞纳河上一个小岛上的小村庄，被罗马帝国团团围住。公元前 52 年，阿维尔尼人[15] 的国王维钦托利说服了所有凯尔特部落共同反抗罗马侵略者，但遗憾的是最终还是失败了。尽管如此，这个故事后来被人们编成了漫画故事《高卢英雄历险记》，1959 年开始连载。这是法国非常有名的长篇漫画。漫画里面的英雄形象都是凯尔特人，但他们被罗马人称为高卢人。漫画的作者是勒内 · 戈西尼和阿尔伯特 · 乌德佐。大胡子矮人阿斯特利斯是他们塑造的大英雄，他有个忠诚而高大的朋友叫奥伯利兹。奥伯利兹力气非常大，可以毫不费力地举起史前石柱，这是因为他小时候，无意间掉进了一个煮着药水的大锅里，而那药水正好可以给人无限力量。阿斯特利斯和奥伯利兹，一个机智聪明，一个勇武有力，而且他们总是能够突破罗马人的封锁。

芭比娃娃

美国纽约，1959年

芭比是一个美国娃娃，她被创造于1959年3月9日。露丝·汉德勒创造了芭比娃娃。最初，露丝总是看到自己的女儿芭芭拉摆弄纸做的娃娃，这些剪纸娃娃不是当时常见的那种小宝宝，而是一个个少年，有各自的职业和身份，让女儿非常沉迷。于是露丝决定设计一个成熟一点的娃娃，而芭比娃娃的名字也是源自露丝的女儿芭芭拉。后来芭比娃娃成了全世界最畅销的洋娃娃，给露丝带来了巨大的商业价值。19世纪，芭比娃娃就变成了一种风潮。今天的小女孩，可以在芭比娃娃的身上实现自己得到第一支口红、第一双高跟鞋的梦想，甚至可以假装上大学，然后有了自己的第一份工作、自己的朋友，还可以选择自己的职业。而且，芭比娃娃还有自己的男生朋友和女生朋友，他们可以来自不同民族，说着不同的语言，她可以穿上著名设计师设计的服装，还可以做联合国儿童基金会的大使。

阿雷西博射电望远镜——地球的眼睛

美国波多黎各，1974年

25000 年后，从我们的星球向其他可能存在的世界发出的信息应该能到达目的地了。1972 年，先驱者 10 号探测器带着一条我们地球的信息向宇宙深处出发了。然而，波多黎各的阿雷西博射电望远镜，在 1974 年向武仙座球状星团 M13 发射的信息，是最重要的。

这条信息在太空中以光速（每秒 300000 千米）传播，到达距离我们 7 亿千米的木星，用了 35 分钟，71 分钟后越过了土星，5 个小时内到达了太阳系中已知的最后一颗行星，距离我们有 60 亿千米。这条信息中的内容是用 1679 个二进制数字写成的，没有用到我们地球上任何一种语言，因为大家都觉得外星人肯定可以破解出代码的含义。这条信息看起来就像一个孩子在方格本子上画的涂鸦作品，但这里面实际上包含了地球和人类的信息。信息里说：我们使用 1 到 10 的数字；我们的世界主要由氢、碳、氧、氮、磷组成；我们的地球上有 50 亿人（截止到 2020 年超过 75 亿人）；地球是太阳系的一部分，太阳系里还有水星、火星、木星、土星、天王星、海王星；最后还告诉外星人，我们能够接收到的信息的波长是多少，告诉他们这条信息的来源是地球。

2020 年 8 月，阿雷西博望远镜在热带风暴期间遭到损毁，美国当局决定报废阿雷西博望远镜。目前世界上就只剩中国贵州的球面射电望远镜 FAST 这一只“天眼”，继续深情凝望太空了。

注释：

[1] 梅林：英格兰及威尔士神话中的传奇魔法师，他法力强大，十分睿智，能预知未来，还会变形术。

[2] 亚瑟王：传说中的古不列颠最富有传奇色彩的伟大国王。

[3] 腓尼基人：一个古老民族，生活在今天地中海东岸黎巴嫩和叙利亚沿海一带，创立了腓尼基字母；腓尼基人善于航海与经商，在全盛期曾控制了西地中海的贸易。

[4] 克里特岛：位于地中海东部的中间，是希腊的第一大岛。

[5] 代达罗斯：希腊神话中的建筑师和雕刻家，最著名的作品是为克里特岛国王米诺斯建造的一座迷宫，因此他的名字指代迷宫。

[6] 奥罗宾多（1872—1950 年）：本名室利·奥罗宾多·高斯，生于印度加尔各答，印度先知、诗人和民族主义者。

[7] 禅定：佛教名词。指通过精神集中，系念寂静，以求得佛教悟解或功德的修习方法。

[8] 冥想：指的是禅修的意思，是瑜伽实现入定的一项技法和途径，把心、意、灵完全专注在原始之初之中；最终目的在于把人引导到解脱的境界。

[9] 米迦勒：天主身边的首席战士，天使军最高统帅。

[10] 圣米歇尔山：天主教除耶路撒冷和梵蒂冈之外的第三大圣地，历史悠久，自然风光优美。

[11] 圣方济各（1182—1226 年）：天主教方济各会和方济女修会的创始人。

[12] 梵蒂冈：梵蒂冈城国，位于意大利首都罗马西北角高地的一个内陆城邦国家。

[13] 美第奇家族是佛罗伦萨 15 世纪至 18 世纪中期在欧洲拥有强大势力的名门望族。

[14] 弗洛伦斯·南丁格尔（1820—1910 年）：英国护士和统计学家。被称为“提灯天使”。南丁格尔是世界上第一个真正的女护士，她开创

了护理事业。由于南丁格尔的努力，昔日地位低微的护士，社会地位与形象都大为提高，成为崇高的象征。“南丁格尔”也成为护士精神的代名词。“5·12”国际护士节设立在南丁格尔的生日这一天，就是为了纪念这位近代护理事业的创始人。

[15] 阿维尔尼人：属古凯尔特部落，居住在现今法国中部奥弗涅地区。其首领维钦托利公元前52年曾率众抗击恺撒的进攻，在其首府戈高维亚击败了罗马人，但后因战败于阿莱西亚战役而投降。

看动画，学知识

一起探索奇妙世界

扫描本书二维码，获取正版资源

智能阅读向导为您严选以下免费或付费增值服务

免费广播剧　好故事随身听，带你在知识的海洋里遨游

自然大百科　趣味科普动画，为你打开探索世界的大门

成语故事集　趣味解说成语，帮你积累丰富语文词汇量

德育动画片　历史人物故事，跟着古人学习处世的哲学

☆ 闯关小测试：检验你对知识的掌握情况

☆ 读书记录册：养成阅读记录的良好习惯

☆ 趣味冷知识：带你认识世界的奇妙多彩

扫码添加智能阅读向导

操作步骤指南

① 微信扫描下方二维码，选取所需资源。

② 如需重复使用，可再次扫码或将其添加到微信“收藏”。